とびきりかわいくていとおしい
海《うみ》のいきもの図鑑《ずかん》
フクイサチヨ（イラスト）
海遊館（一部生態監修）
イースト・プレス

はじめに

わたしたちが生《う》まれるずっと前《まえ》、生命《せいめい》のれきしは海《うみ》の中《なか》ではじまりました。そこから長《なが》い年月《ねんげつ》をかけて、いきものたちはさまざまなかたちに進化《しんか》し、今日《きょう》ではたくさんのいきものたちがくらしています。

この本《ほん》では、そんな海《うみ》のいきものたちを「かわいい」という目線《めせん》で紹介《しょうかい》します。たとえば毛《け》がもふもふのいきものやまん丸《まる》としたフォルムで、見《み》た目《め》がかわいい

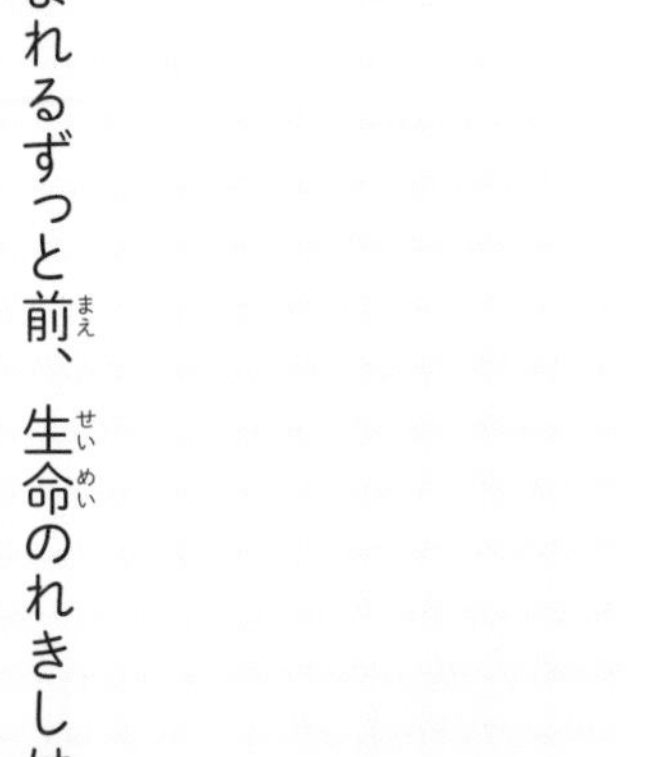

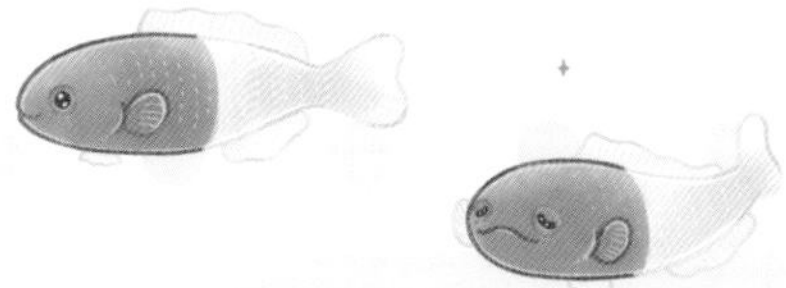

と感《かん》じるいきもの。または、ちょっぴりドジなところやのんびりとしたすがたなど、行動《こうどう》がかわいいと感《かん》じることもあるかもしれません。

この本《ほん》を読《よ》んで、かわいいなと感《かん》じたり、もっと知《し》りたいと思《おも》ういきものに出会《であ》ったら、じっさいに水族館《すいぞくかん》や動物園《どうぶつえん》に行《い》き、リアルな様子《ようす》をかんさつしてみましょう。この本《ほん》をつうじて、海《うみ》や海《うみ》でくらすいきものたちに関心《かんしん》をもち、よりすきになってくれたらうれしいです。

ふしぎな海《うみ》の世《せ》界《かい》

海《うみ》は生命《せいめい》たんじょうの地《ち》

生命《せいめい》は、およそ40億年前《おくねんまえ》に海《うみ》の中《なか》でたんじょうしました。いろいろな説《せつ》がありますが、大昔《おおむかし》の海《うみ》でさまざまな化学《かがく》はんのうがおこり、生命《せいめい》のみなもとが生《う》まれ、それらを海《うみ》が有害《ゆうがい》なうちゅう線《せん》から守《まも》ったと考《かんが》えられています。「海《うみ》」という文字《もじ》に「母《はは》」があるように、まさしく海《うみ》は生命《せいめい》の母親《ははおや》のような存在《そんざい》です。

水中《すいちゅう》の温度《おんど》

水《みず》は空気《くうき》にくらべて、急《きゅう》な温度変化《おんどへんか》がおこりにくく（ひくい水温《すいおん》の場所《ばしょ》でもマイナス2度《ど》ほど）、海中《かいちゅう》は陸上《りくじょう》よりもおだやかなかんきょうといえます。

生物《せいぶつ》と水《みず》について

生物《せいぶつ》の体《からだ》はさいぼうでできていますが、さいぼうが活動《かつどう》をいじするためには水《みず》がかかせません。おとなの人間《にんげん》では体重《たいじゅう》のおよそ70%ほどが水《みず》であるなど、生物《せいぶつ》たちにとって水《みず》はかかせないものであり、陸上生物《りくじょうせいぶつ》はいろいろな工夫《くふう》をして、体《からだ》から水分《すいぶん》がうしなわれないように生《い》きぬいてきました。その点《てん》では、海中《かいちゅう》はかんそうのきけんがないので、安《あん》心《しん》してくらせる場所《ばしょ》といえます。

海《うみ》のいきものの分類《ぶんるい》

海《うみ》のいきものたちは、生活《せいかつ》するかんきょうによって、
生態《せいたい》や見《み》た目《め》にさまざまなちがいがあります。
そうしたちがいは、下《した》のように分類《ぶんるい》することができます。

ネクトン（遊泳生物《ゆうえいせいぶつ》）

水《みず》の流《なが》れに負《ま》けず、海《うみ》で自由《じゆう》に泳《およ》ぐいきもの。ネクトンの多《おお》くは、水中《すいちゅう》のいどうにてきした体《からだ》をしている。

魚類《ぎょるい》

イルカなどの
ほ乳類《にゅうるい》

ペンギンなどの
鳥類《ちょうるい》 など

ベントス（底生生物《ていせいせいぶつ》）

ほとんど海底《かいてい》から離《はな》れることなく生活《せいかつ》するいきもの。

プランクトン（浮遊生物《ふゆうせいぶつ》）

海《うみ》や海流《かいりゅう》の動《うご》きにさからって泳《およ》ぐことができず、水中《すいちゅう》や水面《すいめん》をただようように生活《せいかつ》するいきもの。

クラゲ
など

もくじ

★生態監修《せいたいかんしゅう》 海遊館《かいゆうかん》

part 2

すいすいかわいい 52

part 3

のんびりかわいい

part 4 びっくりかわいい 120

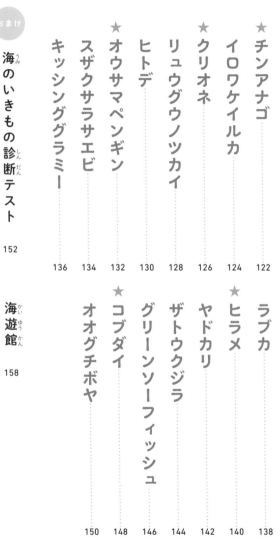

おまけ

この本《ほん》の読《よ》みかた

1 いきものの名前《なまえ》ととくちょうをあらわす見出《みだ》しです。

2 とくちょうをあらわすかわいいイラストです。

3 いきものとくちょうやおもしろい豆知識《まめちしき》を解説《かいせつ》します。

4 いきものの基本《きほん》じょうほうをまとめています。

5 たのしい3コママンガで補足解説《ほそくかいせつ》をします。

P6～10の目次《もくじ》にて、海遊館生態監修《かいゆうかんせいたいかんしゅう》の
いきものたちを確認《かくにん》することができます。

part 1

まるもふかわいい

まんまるな見《み》た目《め》・毛《け》がもふもふな
海《うみ》のいきものたち

マナティーはごはんを持《も》って、きようにモグモグと食《た》べる

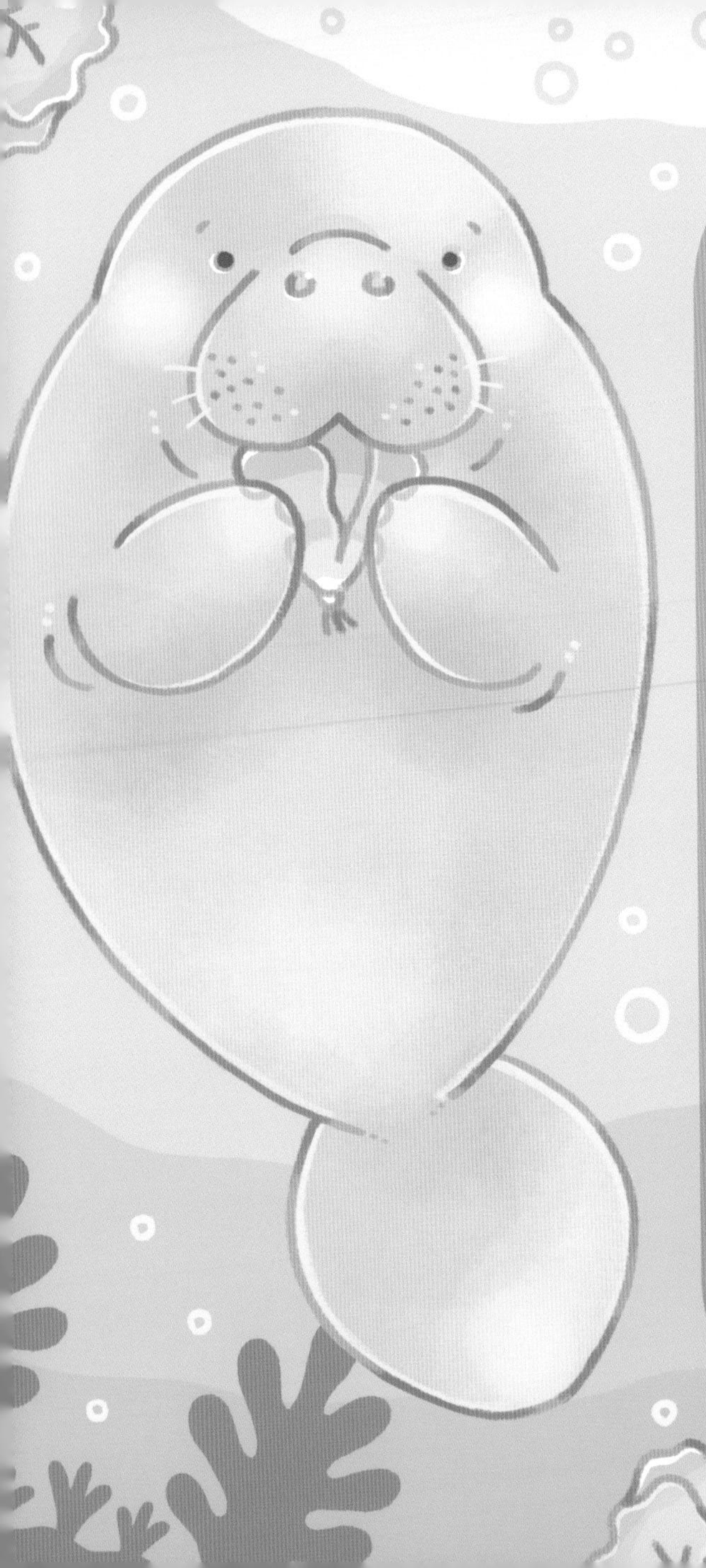

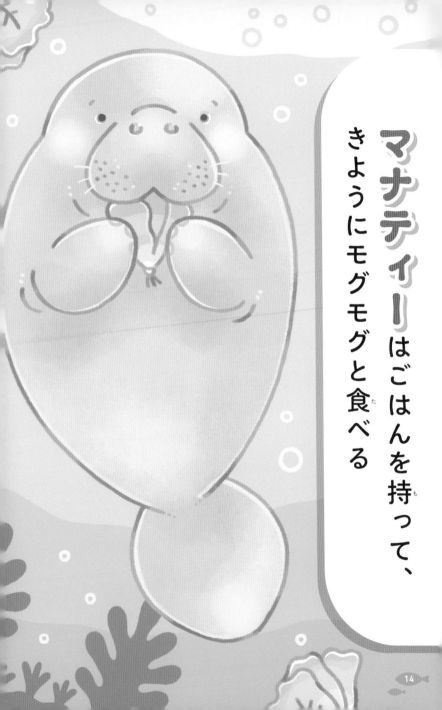

丸《まる》い体《からだ》につぶらな瞳《ひとみ》のマナティー。人魚《にんぎょ》伝説《でんせつ》のモデルになったとも言《い》われますが、とてもおおきく体重《たいじゅう》は300キログラム以上《いじょう》にもなります。ジュゴンとよく似《に》ていますが、よく見《み》ると顔《かお》の形《かたち》がちがいます。マナティーは水中《すいちゅう》に浮《う》かぶ草《くさ》を食《た》べるので口《くち》が正面《しょうめん》を向《む》いています。水中《すいちゅう》にただよい、胸《むな》びれできように草《くさ》を持《も》って、モグモグと食《た》べるすがたはとってもキュート。マナティーには爪《つめ》とひじがあるので、ごはんをつかみ、うまく口《くち》に運《はこ》ぶことができるのです。

マナティーとジュゴンのちがい

草食《そうしょく》
海牛《かいぎゅう》のなかま
人魚《にんぎょ》のモデル
まんまる
ぼくたち似《に》てるけどどこがちがうの？
顔《かお》がちがうね！
ながい！！
ジュゴン
まるい！
マナティ
尾《お》びれもちがう！
お肌《はだ》もちがう…
岩《いわ》みたい…
ぼくはスベスベ
コケ
ザラザラ

プロフィール

ぶんるい	マナティー科《か》
おおきさ	体長《たいちょう》2～4.5m
じゅみょう	およそ60年《ねん》
せいそくち	カリブ海《かい》など

ラッコはお布《ふ》団《とん》のように海《かい》そうにくるまって、すやすやねむる

水面《すいめん》にぷかぷか浮《う》かび、おなかに置《お》いた石《いし》に貝《かい》やカニをぶつけて食《た》べるすがたでおなじみのラッコ。体《からだ》は小《ちい》さいですがとっても大食《おおぐ》いなことで知《し》られ、なんと1日《にち》に体重《たいじゅう》の1/4ほどの量《りょう》のエサを食《た》べることも！　寒《さむ》い海《うみ》でくらしているため、たくさんエサを食《た》べてカロリーを消費《しょうひ》し、体温維持《たいおんいじ》をしているの

です。食事《しょくじ》のあとはおやすみの時《じ》間《かん》。ラッコたちは、寝《ね》ている間《あいだ》に流《なが》されてしまわないように、海《かい》そうを体《からだ》に巻《ま》きつけます。水上《すいじょう》で生《せい》活《かつ》するラッコたちのかしこい知恵《ちえ》なのです。

プロフィール

ぶんるい
イタチ科《か》

おおきさ
体長《たいちょう》1〜1.4m

じゅみょう
10〜20年《ねん》

せいそくち
北《きた》アメリカ大陸沿岸《たいりくえんがん》など

ワモンアザラシのまん丸《まる》になった
すがたは、まるでおまんじゅう

輪《わ》のような斑点《はんてん》もようがとくちょうのワモンアザラシ。サイズは小《ちい》さいですが、北《きた》の寒《さむ》い海《うみ》でくらすので、体《からだ》にはしぼうがたくさんついています。陸上《りくじょう》では冷《つめ》たい空気《くうき》に体温《たいおん》をうばわれないよう、首《くび》をひっこめてまん丸《まる》のすがたになって休《やす》みます。雪《ゆき》や氷《こおり》を掘《ほ》って巣穴《すあな》を作《つく》り、母《はは》アザラシはそこで子育《こそだ》てや出産《しゅっさん》をします。性格《せいかく》はかなりせんさいで、かんきょうの変化《へんか》にびんかん。水族館《すいぞくかん》では、飼育員《しいくいん》さんの服《ふく》が変《か》わっただけでおどろいて、よってこないこともあります。

アザラシの見分《みわ》け方《かた》

アザラシの見分《みわ》け方《かた》講座《こうざ》
トド
アシカ
パチパチ〜
アザラシには耳《みみ》たぶがないよ
つる〜ん
ぼくたちには耳《みみ》たぶがある!
そしてごろ〜んが大好《だいす》き
ごろ〜ん
※アザラシは立《た》てない
気持《きも》ちよさそう…

プロフィール

ぶんるい	アザラシ科《か》
おおきさ	体長《たいちょう》およそ1.3m
じゅみょう	30年以上《ねんいじょう》
せいそくち	北極圏《ほっきょくけん》とその周辺《しゅうへん》

ハリセンボンは海水《かいすい》をのみこんでぷくーっとふくらむ

サンゴしょうに生息《せいそく》するフグのなかま、ハリセンボン。ハリのようなトゲが1000本《ぼん》あるかと思《おも》いきや、実《じつ》は300〜400本《ほん》ほど。敵《てき》からおそわれたときは、海水《かいすい》や空気《くうき》をのみこんで胃袋《いぶくろ》ごと体《からだ》をぷくーっとふくらまし、いかくします。ふだんは体《からだ》にそってたおれているトゲを起《お》き上《あ》がらせて、まん

丸《まる》のトゲトゲになるのです。このトゲはウロコが変《へん》化《か》したもの。フグのなかまの多《おお》くは体《からだ》の中《なか》の毒《どく》で身《み》を守《まも》っていますが、ハリセンボンは毒《どく》を持《も》たないかわりに、トゲで身《み》を守《まも》ります。

プロフィール

ぶんるい
ハリセンボン科《か》

おおきさ
体長《たいちょう》およそ40cm

じゅみょう
3～5年《ねん》

せいそくち
世界中《せかいじゅう》の温帯《おんたい》・熱帯域《ねったいいき》

ジンベエザメは大《おお》きく口《くち》をあけ、海《かい》水《すい》ごとエサをすいこむ

水《みず》玉《たま》もようの大《おお》きな体《からだ》に、ひらべったい顔《かお》のジンベエザメは、海《うみ》にくらす世《せ》界《かい》最《さい》大《だい》の魚《さかな》です。サメですが歯《は》は小《ちい》さく、プランクトンなどの小《ちい》さなエサを食《た》べます。食《しょく》事《じ》の時《とき》は口《くち》を大《おお》きくあけ、海《かい》面《めん》近《ちか》くのエサを海《かい》水《すい》ごと一《いっ》気《き》にすいこみます。たくさんの海《かい》水《すい》をすいこんでもだいじょうぶ。エサはのどのおくに

ある「サイハ」とよばれるフィルターでキャッチし、海水《かいすい》は胸《むな》びれの上《うえ》のあたりにある大《おお》きなエラあなから出《だ》すので、エサだけを食《た》べることができるのです。

プロフィール

ぶんるい
ジンベエザメ科《か》

おおきさ
全長《ぜんちょう》およそ12m

じゅみょう
くわしいことは不明《ふめい》

せいそくち
世界中《せかいじゅう》の温帯《おんたい》・熱帯域《ねったいいき》

コウテイペンギンは生《う》まれるまでが超《ちょう》たいへん！

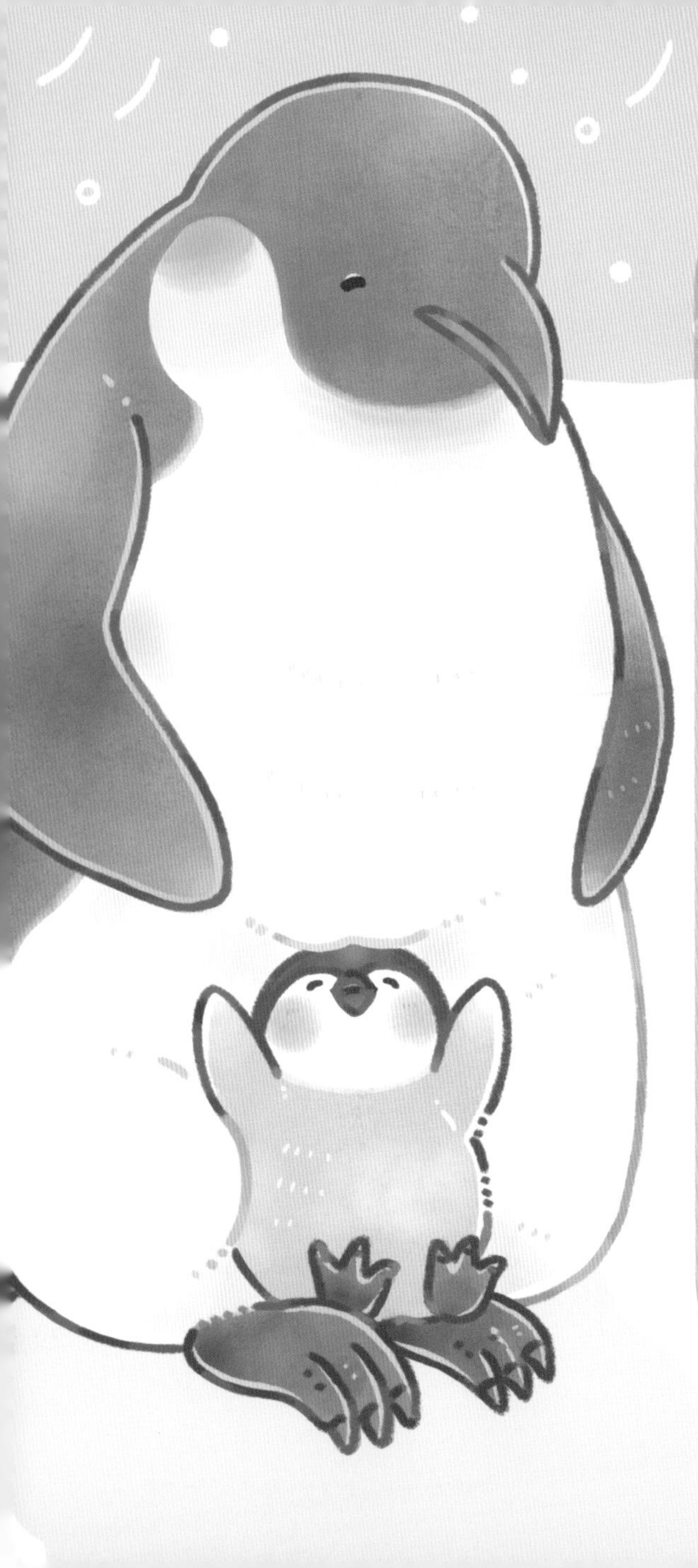

世界一過酷《せかいいちかこく》な子育《こそだ》て

ごはん取《と》ってくるね
いってらっしゃい！
お母《かあ》さんが帰《かえ》ってくるまで
お父《とう》さんは身《み》を寄《よ》せ合《あ》い卵《たまご》を温《あたた》めます
プル
プル
2ヶ月《かげつ》後《ご》——
おかえり…
ただいま…
アナタ…痩《や》せたわね…
ぎゅ…

ペンギンの中《なか》で最大《さいだい》のコウテイペンギン。ヒナの時《とき》は灰色《はいいろ》でもふもふです。そんなコウテイペンギンは生《う》まれるまでが超《ちょう》たいへん。天敵《てんてき》からねらわれないように、海《うみ》から50キロメートル以上《いじょう》も離《はな》れた安全《あんぜん》な場所《ばしょ》で卵《たまご》を産《う》んだあと、母《はは》ペンギンはエサをもとめて海《うみ》へ向《む》かいます。ヒナがかえるまでの間《あいだ》、父《ちち》ペンギンは何《なに》も食《た》べず、ただじっと卵《たまご》を温《あたた》め続《つづ》けエサを運《はこ》んでくる母《はは》ペンギンを待《ま》ちます。かこくな状況《じょうきょう》をのりこえ、新《あたら》しい命《いのち》が誕生《たんじょう》するのです。

プロフィール

ぶんるい	ペンギン科《か》
おおきさ	全長《ぜんちょう》1～1.3m
じゅみょう	15～20年《ねん》
せいそくち	南極大《なんきょくたい》陸《りく》

マダコは8本《ほん》の足《あし》を くねくね、きように使《つか》いこなす

世界《せかい》の広《ひろ》い範囲《はんい》にせいそくするマダコ。きゅうばんのついた8本《ほん》の足《あし》を自在《じざい》に動《うご》かし、えものに巻《ま》きついたり、岩《いわ》などにくっついて身《み》を守《まも》ったりします。お気《き》に入《い》りの貝《かい》がらをすみかに持《も》って帰《かえ》って入《い》り口《ぐち》をふさいだり、盾《たて》にして持《も》ち歩《ある》いたりと、道具《どうぐ》をきように使《つか》いこなすことも！ きゅうばんは常《つね》

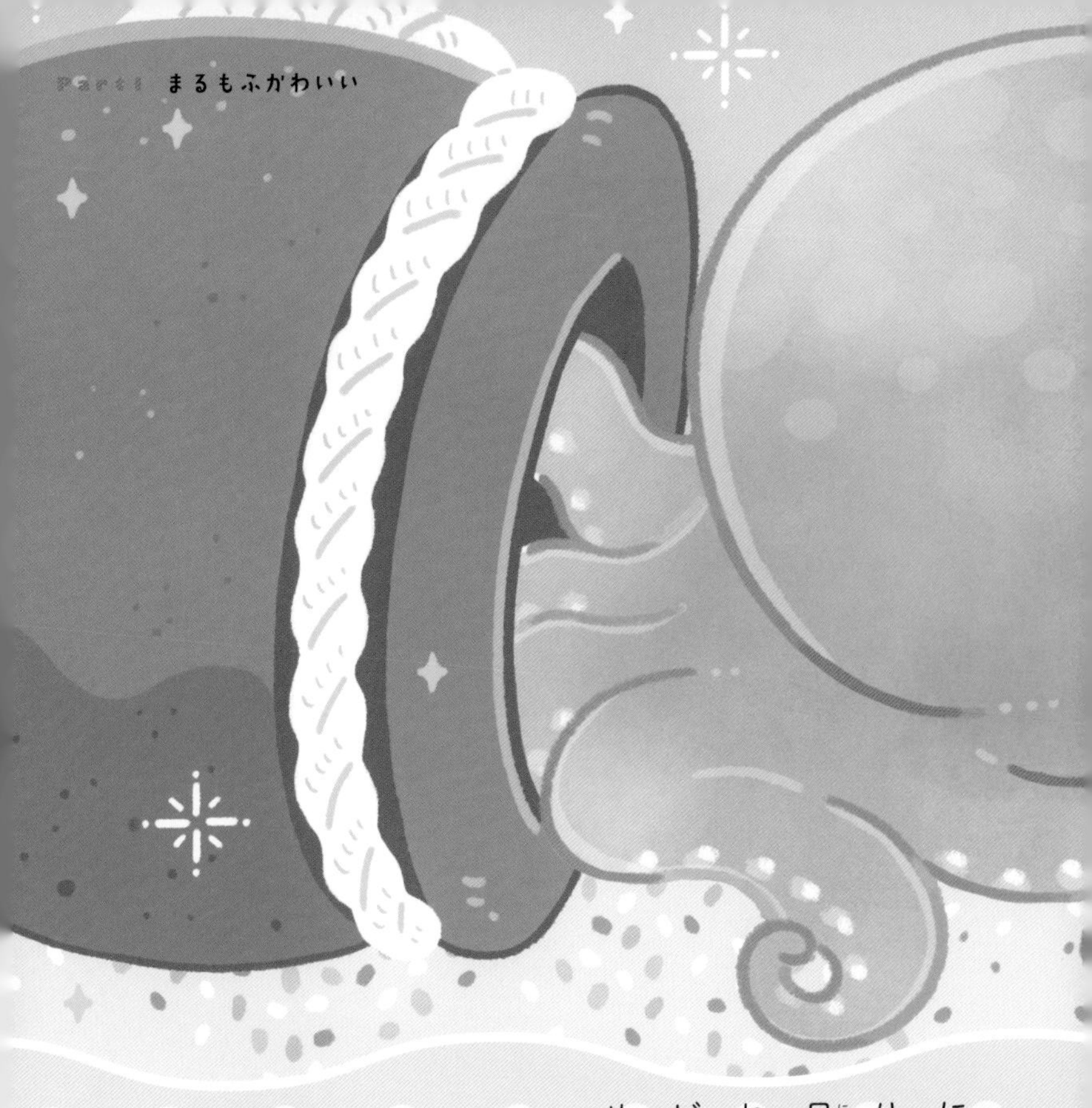

に手《て》入《い》れをかかさず、脱《だっ》皮《ぴ》をくりかえしてきれいに保《たも》っています。日中《にっちゅう》は岩《いわ》の下《した》に作《つく》った巣《す》穴《あな》にかくれていて、夜《よる》になると大《だい》好《こう》物《ぶつ》のエビやカニなどのエサをさがしはじめます。

プロフィール

ぶんるい
マダコ科《か》

おおきさ
全長《ぜんちょう》およそ60cm

じゅみょう
1～3年《ねん》

せいそくち
世《せ》界中《かいじゅう》の熱帯《ねったい》、亜《あ》熱帯域《ねったいいき》

シロイルカはカナリアのような美《うつく》しい声《こえ》をひびかせる

まっ白《しろ》で大《おお》きいシロイルカ。ベルーガという名《な》前《まえ》でも知《し》られています。寒《さむ》い海《うみ》でくらしているため、しぼうがあつく、背《せ》びれを持《も》たない丸《まる》いすがたをしています。ぷっくりふくらんだおでこのしぼうはやわらかくぷるぷるで、「メロン」とよばれています。メロンはなかまたちとコミュニケーションをとっ

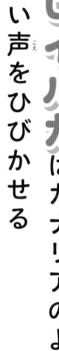

たり、エサをさがす時《とき》などに出《だ》す音波《おんぱ》を調整《ちょうせい》するとてもだいじな器官《きかん》です。美《うつく》しい鳴《な》き声《ごえ》をとおくまでひびかせることから、シロイルカは「海《うみ》のカナリア」ともよばれています。

プロフィール

ぶんるい
イッカク科《か》

おおきさ
体長《たいちょう》4～6m

じゅみょう
35～50年《ねん》

せいそくち
北極海周辺《ほっきょくかいしゅうへん》

アオウミガメは名前《なまえ》に「青《あお》」があるのに、体《からだ》も甲《こう》らも青《あお》くない

ウミガメいろいろ

世界中《せかいじゅう》の熱帯《ねったい》や亜熱帯《あねったい》でくらすアオウミガメ。その名前《なまえ》から青《あお》い色《いろ》を想像《そうぞう》するかもしれませんが、実《じつ》は体《からだ》も甲《こう》らも青《あお》くありません。こどものころはカニやクラゲなどを食《た》べ、おとなになると海《かい》そうなどを食《た》べますが、体《からだ》の中《なか》のしぼうがエサのえいきょうで緑《みどり》っぽい色《いろ》になることから「アオウミガメ」とよばれているのです（※）。貝《かい》やカニなどを食《た》べているアカウミガメとくらべると、あごは小《ちい》さいですが、海《かい》そうを切《き》るのに便利《べんり》なくちばしを持《も》っています。

ぼく以外《いがい》にも色《いろ》の名前《なまえ》がつくカメがいるよ
アオウミガメ
呼《よ》んだ？
シュバッ
わたしはアカウミガメ情熱《じょうねつ》の赤《あか》！
やったるでー
赤《あか》っていうか茶色《ちゃいろ》？
からだは黄色《きいろ》…
？
※アオウミガメの亜種《あしゅ》
おれはアオウミガメの※親戚《しんせき》のクロウミガメ
たしかに
ちょっと黒《くろ》いかも…

プロフィール

ぶんるい	ウミガメ科《か》
おおきさ	体長《たいちょう》80～150cm
じゅみょう	70～80年《ねん》
せいそくち	世界中《せかいじゅう》の熱帯域《ねったいいき》など

※昔《むかし》の名残《なご》りで「緑色《みどりいろ》」を「青《あお》」と表現《ひょうげん》することがあります

ブルージェリーフィッシュは げんきいっぱいに泳《およ》ぎまわる！

「青《あお》クラゲ」を意味《いみ》する英語名《えいごめい》のとおり、きれいな青色《あおいろ》のすがたがとくちょうのブルージェリーフィッシュ。青《あお》い個体《こたい》が多《おお》いですが、茶《ちゃ》色《いろ》や白《しろ》などの個体《こたい》もいるので、「カラージェリーフィッシュ」とよばれることも。クラゲはかさを開《あ》け閉《し》めして水《みず》の流《なが》れを作《つく》り、水中《すいちゅう》を移《い》動《どう》しますが、ブルージェリーフィッ

シュはかさをすばやく動《うご》かすので、泳《およ》ぎもスピーディ。ふわりとゆっくり泳《およ》ぐクラゲのイメージをくつがえすような、げんきいっぱいのすがたにみりょうされます。

プロフィール

ぶんるい
ナキツラクラゲ科《か》

おおきさ
最大《さいだい》40cm（かさの直径）

じゅみょう
1年《ねん》未《み》満《まん》

せいそくち
熱帯域《ねったいいき》

カリフォルニアアシカの体《からだ》はつるつるに見《み》えて実《じつ》は…？

小《ちい》さな耳《みみ》と大《おお》きな目《め》がとくちょうのカリフォルニアアシカ。息《いき》つぎをせず10分《ぷん》ちかくもぐることができたり、大《おお》きいひれのような前《まえ》あしを使《つか》って最《さい》大《だい》時《じ》速《そく》40キロメートルの速《はや》さで泳《およ》ぐことができたりと、泳《およ》ぎがとっても得《とく》意《い》！　はんしょく期《き》になると、1頭《とう》のオスと複《ふく》数《すう》のメスで「ハーレム」とよば

れる家族《かぞく》を作《つく》り、生活《せいかつ》をします。アシカの体《からだ》は遠《とお》くから見《み》ると毛《け》がないつるつるの肌《はだ》に見《み》えますが、実《じつ》は体《からだ》のほとんどは毛《け》でおおわれています。体毛《たいもう》は体温《たいおん》維持《いじ》のための大切《たいせつ》なぼう寒具《かんぐ》なのです。

プロフィール

ぶんるい

アシカ科《か》

おおきさ

体長《たいちょう》1.8～2.5m

じゅみょう

8～10年《ねん》（野性下《やせいか》）

せいそくち

北《きた》アメリカ西部《せいぶ》の海域《かいいき》など

ミミイカは丸《まる》い耳《みみ》をぱたぱたと動《うご》かして泳《およ》ぐ

耳《みみ》のあるぼうしをかぶったようなすがたのミミイカは、名前《なまえ》のとおり大《おお》きめの丸《まる》い耳《みみ》がチャームポイントの小《ちい》さなイカ。ですが、耳《みみ》のように見《み》えるものは実《じつ》はひれ。このひれをぱたぱた動《うご》かすことで、海中《かいちゅう》を自由《じゆう》に泳《およ》ぎまわります。明《あか》るい日中《にっちゅう》は敵《てき》からねらわれやすいため、砂《すな》のなかに身《み》をかくします。

さっと体《からだ》をもぐらせ、仕《し》上《あ》げに細《ほそ》い両《りょう》手《て》で砂《すな》をかきあつめてせっせと顔《かお》にかぶせるすがたは、忍《にん》者《じゃ》のよう！　体《からだ》の表《ひょう》面《めん》に発《はっ》光《こう》バクテリアが住《す》んでいるので、夜《よる》の海《うみ》ではキラキラ光《ひか》ります。

プロフィール

ぶんるい

ダンゴイカ科《か》

おおきさ

およそ4cm（胴《どう》の長《なが》さ）

じゅみょう

およそ1年《ねん》

せいそくち

日《に》本《ほん》沿《えん》岸《がん》

コクテンフグの顔《かお》は まるで犬《いぬ》のよう……!?

黒色《くろいろ》の口《くち》もとくりくりの目《め》がとくちょう的《てき》なコクテンフグ。その顔立《かおだ》ちが犬《いぬ》に似《に》ていることから、英語《えいご》では「Dog《ドッグ》 Face《フェイス》 Puffer《パファー》（犬《いぬ》顔《がお》フグ）」ともよばれます。おもに太平洋《たいへいよう》やインド洋《よう》のサンゴしょうでくらし、灰《はい》かっ色《しょく》の体《からだ》に黒《くろ》い斑点《はんてん》もようという見《み》た目《め》からコクテンフグの名《な》がつきました。あい

らしい顔《かお》立《だ》ちをしていますが、じつは強《つよ》い毒《どく》の持《も》ち主《ぬし》。おこるとふくらみ、まん丸《まる》のすがたになります。すると今度《こんど》はアザラシにも見《み》えるかも…？　見《み》ていてあきない、水族館《すいぞくかん》でも人気《にんき》の魚《さかな》です。

プロフィール

ぶんるい
フグ科《か》

おおきさ
全長《ぜんちょう》およそ25cm

じゅみょう
およそ8年《ねん》

せいそくち
西太平洋《にしたいへいよう》の熱帯域《ねったいいき》など

ホッキョクグマの大《おお》きな体《からだ》ともふもふの体《たい》毛《もう》は実《じつ》は白《しろ》くない

ホッキョクグマは全身《ぜんしん》がまっ白《しろ》い毛《け》でおおわれているように見《み》えます。でも実《じつ》は体毛《たいもう》は透明《とうめい》で、肌《はだ》の色《いろ》は黒《くろ》！　光《ひかり》の反射《はんしゃ》によって全身《ぜんしん》が白《しろ》く見《み》えているのです。寒《さむ》い場所《ばしょ》でくらすホッキョクグマにとって大事《だいじ》なのが体温調整《たいおんちょうせい》。体毛《たいもう》が透明《とうめい》なことで光《ひかり》を肌《はだ》に通《とお》しやすく、太陽《たいよう》の熱《ねつ》をこうりつよく全身《ぜんしん》いきわたらせることができます。また体毛《たいもう》はストローのように中《なか》が空《くう》どうになっているので、熱《ねつ》を逃《に》がしにくく、ぬれてもすぐにかわきます。

ホッキョクグマが大《おお》きい理由《りゆう》

同《おな》じ種類《しゅるい》のいきものでも寒《さむ》いところのほうが体《からだ》が大《おお》きくなる…
ヒグマ
ゴマフアザラシ
それがベルクマンの法則《ほうそく》
体温《たいおん》を維持《いじ》するため…つまりは進化《しんか》の結果《けっか》であり〜…
ペラペラペラ
お腹《なか》すいたな〜
あっちいこうぜ
話《はなし》を聞《き》け〜〜！
ガオーーーッ
パリーン！
ヤバッ！
逃げろ〜!!

プロフィール

ぶんるい	クマ科《か》
おおきさ	体長《たいちょう》1.8〜2.5m
じゅみょう	25〜30年《ねん》
せいそくち	北極圏《ほっきょくけん》など

フウセンウオはカラフルでかわいい「北《きた》の海《うみ》のアイドル」

小さくて丸《まる》いお団子《だんご》のようなダンゴウオのなかまたち。その中《なか》で個《こ》体《たい》によって、だいだい、黄《き》、茶《ちゃ》、赤《あか》、白《しろ》など、カラフルな体《からだ》の色《いろ》をしているのがフウセンウオです。オホーツク海《かい》などの寒《さむ》い海域《かいいき》でくらしており、くりくりとした目《め》をしていることから「北《きた》の海《うみ》のアイドル」とよばれることも。泳《およ》ぎは

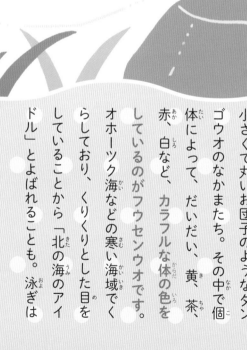

得《とく》意《い》ではありませんが、かわりに腹《はら》びれがきゅうばんに進《しん》化《か》しており、岩《いわ》や海《かい》そうなどにくっつくことができます。水《すい》族《ぞく》館《かん》では水《すい》そうのガラス面《めん》にひっつき、じっとしているすがたがよく見《み》られます。

プロフィール

ぶんるい

ダンゴウオ科《か》

おおきさ

体長《たいちょう》13cm（最大《さいだい》）

じゅみょう

1〜2年《ねん》

せいそくち

北海道沿岸《ほっかいどうえんがん》部《ぶ》など

セイウチは寝《ね》ることが大《だい》好《す》き！ でもたまに重《おも》さで氷《こおり》がわれちゃう

大《おお》きい体《からだ》でどっしりとしたセイウチは寝《ね》ることが大《だい》好《す》き。水《すい》族《ぞく》館《かん》でも、ぐっすりとねむるのんびりとしたすがたを見《み》ることができます。セイウチの首《くび》のまわりには空《くう》気《き》をためておけるふくろのようなきかんがあり、ねむたくなったら、それをまくらのようにふくらまし、海《うみ》の上《うえ》でも浮《う》かんで寝《ね》るこ

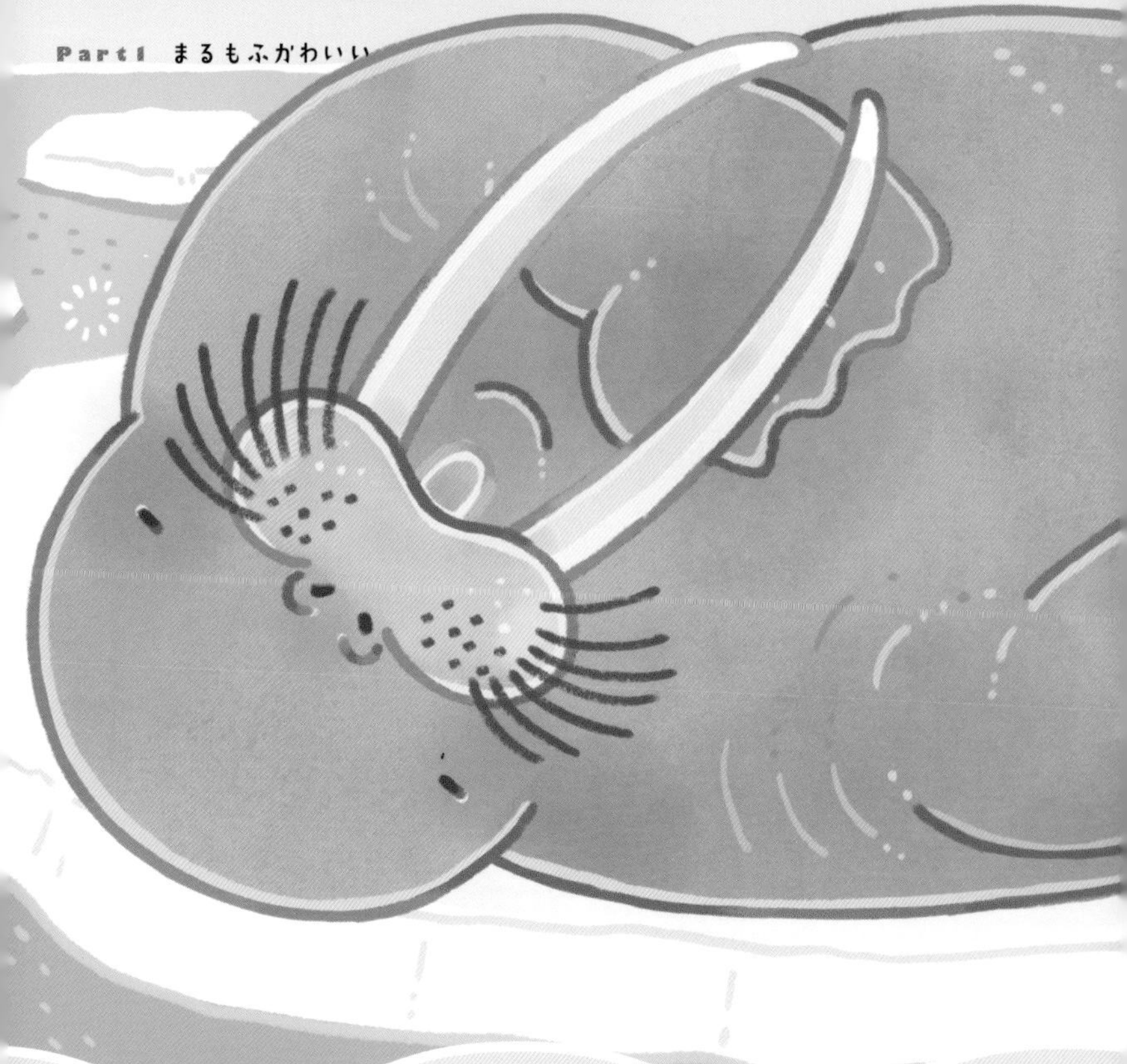

とができます。体全体《からだぜんたい》がぶあついしぼうでおおわれているので、極《ごっ》寒《かん》の海《うみ》でも体温維持《たいおんいじ》ができる体《からだ》なのです。むれで氷《こおり》の上《うえ》で寝《ね》ることもありますが、たまに重《おも》さで氷《こおり》がわれてしまうことも！

プロフィール

ぶんるい

セイウチ科《か》

おおきさ

体長《たいちょう》2～3.5m

じゅみょう

30～40年《ねん》

せいそくち

北極圏《ほっきょくけん》とその周辺《しゅうへん》

シンデレラウミウシは きれいだけどさわるときけん！

むらさきのドレスに黄色《きいろ》のティアラをしたような、美《うつく》しいすがたのシンデレラウミウシ。あざやかな赤《あか》むらさき色《いろ》の体《からだ》をしており、黄色《きいろ》のティアラのようなところは、こきゅうをするためのきかんです。ウミウシはとても種類《しゅるい》が多《おお》く、「海《うみ》の宝石《ほうせき》」とよばれるほどカラフルでこせいてき。日本《にほん》でも

1000種類《しゅるい》以上《いじょう》が見《み》つかっています。ついなでてみたくなりますが、さわるのはきけん！　一部《いちぶ》のウミウシは、毒《どく》を持《も》つクラゲを食《た》べて、その毒《どく》を自分《じぶん》のものにしてためこんでいるのです。

プロフィール

ぶんるい
イロウミウシ科《か》

おおきさ
体長《たいちょう》7cm

じゅみょう
くわしいことは不明《ふめい》

せいそくち
西太平洋《にしたいへいよう》の熱帯域《ねったいいき》など

ダイオウグソクムシは なんでも食《た》べる「海《うみ》のそうじ屋《や》さん」

深海《しんかい》にひそむ、えたいのしれないなぞの生物《せいぶつ》として人気《にんき》のダイオウグソクムシ。**ダンゴムシのなかまの中《なか》では世界最大《せかいさいだい》**で、見《み》た目《め》も似《に》ています。ダンゴムシのように体《からだ》全体《ぜんたい》を丸《まる》くすることはできませんが、14本《ほん》のあしと「遊泳脚《ゆうえいきゃく》」とよばれる泳《およ》ぐためのヒレのようなあしも持《も》っており、歩《ある》くことも泳《およ》ぐ

こともできます。泳《およ》ぐ時《とき》には、おなかを上《うえ》にしてすばやく動《うご》きます。ざつ食《しょく》で、水中《すいちゅう》の有機物《ゆうきぶつ》なら死《し》がいでもなんでも食《た》べることから、「海《うみ》のそうじ屋《や》さん」というあだ名《な》でも親《した》しまれています。

プロフィール

ぶんるい
スナホリムシ科《か》

おおきさ
全長《ぜんちょう》20～40cm

じゅみょう
くわしいことは不明《ふめい》

せいそくち
メキシコ湾《わん》の深海《しんかい》など

column

海《うみ》のいきものの赤《あか》ちゃん

ラッコの赤《あか》ちゃんはもっふもふ

ラッコは大人《おとな》になるにつれ毛《け》が白《しろ》っぽい色《いろ》になりますが、赤《あか》ちゃんは茶色《ちゃいろ》でもふもふ。ラッコは動物《どうぶつ》のなかで一番《いちばん》毛《け》深《ぶか》いと言われ、毛《け》のおかげで体《からだ》を冷《ひ》やさず水《みず》に浮《う》くことができます。赤《あか》ちゃんはお母《かあ》さんのおなかの上《うえ》でねていることが多《おお》く、おきているときは母乳《ぼにゅう》を飲《の》んで育《そだ》ちます。

海《うみ》のいきものの多《おお》くは、赤《あか》ちゃんと大人《おとな》で
見《み》た目《め》がちがいます。また子育《こそだ》ての仕方《しかた》もさまざまで、
人間《にんげん》の世界《せかい》で考《かんが》えると信《しん》じられないものも!
かわいいだけじゃない、海《うみ》のいきものの赤《あか》ちゃんと
子育《こそだ》ての世界《せかい》をのぞいてみましょう。

母《はは》は強《つよ》し! ホッキョクグマ

ホッキョクグマは雪《ゆき》の中《なか》に巣《す》穴《あな》を掘《ほ》り、そこで赤《あか》ちゃんを産《う》みます。母《はは》グマは、子《こ》どもがじゅうぶん大《おお》きくなるまでの数《すう》か月間《げつかん》なにも食《た》べずに子育てを行《おこな》います。氷《こおり》の上《うえ》もきけんはいっぱい。天敵《てんてき》にねらわれる子《こ》どもたちを守《まも》り、2年以上《ねんいじょう》かけて生《い》きるために必《ひつ》要《よう》なことを教《おし》えるのです。

part 2

すいすい かわいい

すいすい泳《およ》ぐ、元《げん》気《き》いっぱいな
海《うみ》のいきものたち

シャチのお母《かあ》さんは、家《か》族《ぞく》想《おも》いのパワフル母《かあ》ちゃん！

シャチは「海《うみ》の王者《おうじゃ》」というあだ名《な》のとおり、**海《うみ》では敵《てき》なしの最《さい》強《きょう》生《せい》物《ぶつ》！** 大《おお》きな体《からだ》にすばやい泳《およ》ぎ、そして頭《あたま》のよさをかねそなえ、クジラやアザラシ、時《とき》にはホオジロザメまでもおそう海《うみ》のハンターです。深《ふか》いきずなでむすばれた家族《かぞく》で生《せい》活《かつ》し、狩《か》りの仕方《しかた》や生《せい》活場所《かつばしょ》、食《た》べものや言葉《ことば》までも家《か》庭《てい》によってさまざま。そんな**シャチ家族《かぞく》のリーダーは年長《ねんちょう》のお母《かあ》さん**で、狩《か》りの指示《しじ》から子育《こそだ》てまで、家族《かぞく》の面倒《めんどう》を一手《いって》に担《にな》います。母《はは》は強《つよ》し！

プロフィール

ぶんるい	マイルカ科《か》
おおきさ	体長《たいちょう》5〜9m
じゅみょう	30〜50年《ねん》
せいそくち	世界中《せかいじゅう》の海《うみ》

海《うみ》の絶対王者《ぜったいおうじゃ》

シャチのすごいところ①
海《うみ》では最強《さいきょう》ナンバー1！

NO.1!
くやし
ホオジロザメ
ホッキョクグマ

シャチのすごいところ②
方言《ほうげん》のようなものがある

おたく南極《なんきょく》ですか？
わし北極《ほっきょく》ですねん
ど〜も〜

まだある！
シャチのすごいところ！

時速《じそく》45キロ！
ビュンッ
ほ乳類最速《にゅうるいさいそく》の泳《およ》ぎ！
ほかのいきものの
声《こえ》マネができる
すご〜い
パチパチ

カクレクマノミは イソギンチャクと助《たす》け合《あ》ってくらす

オレンジ色《いろ》の体《からだ》に白《しろ》いオビを巻《ま》いたようなすがたのカクレクマノミは、映画《えいが》の主人公《しゅじんこう》になったこともある人気《にんき》の海水魚《かいすいぎょ》！　暖《あたた》かい海《うみ》で、イソギンチャクといっしょに生活《せいかつ》をしています。イソギンチャクはしょく手《しゅ》に毒《どく》を持《も》つので、ほかの魚《さかな》は近《ちか》づくことはできません。でもカクレクマノミはその毒《どく》にた

えることができるので、イソギンチャクの中《なか》で守《まも》ってもらいながらくらします。かわりに、イソギンチャクはカクレクマノミの食《た》べのこしをもらうなど、おたがいに助《たす》け合《あ》いながらくらしているのです。

プロフィール

ぶんるい

スズメダイ科《か》

おおきさ

体長《たいちょう》およそ8cm

じゅみょう

6〜10年《ねん》

せいそくち

奄《あま》美《み》大島《おおしま》以《い》南《なん》の海域《かいいき》など

ナンヨウハギは人間《にんげん》のように横《よこ》向《む》きでねむることがある

ナンヨウハギはサンゴしょうや岩《いわ》のまわりでくらす海水魚《かいすいぎょ》。尾《お》びれのつけ根《ね》にあるトゲは、まるで手《しゅ》術《じゅつ》につかうメスのようにするどく、きけんを感《かん》じるとそのトゲをたてて身《み》を守《まも》ります。このようなとくちょうてきなトゲをもつナンヨウハギのなかまたちは「サージャンフィッシュ（外科医《げかい》の魚《さかな》）」とよば

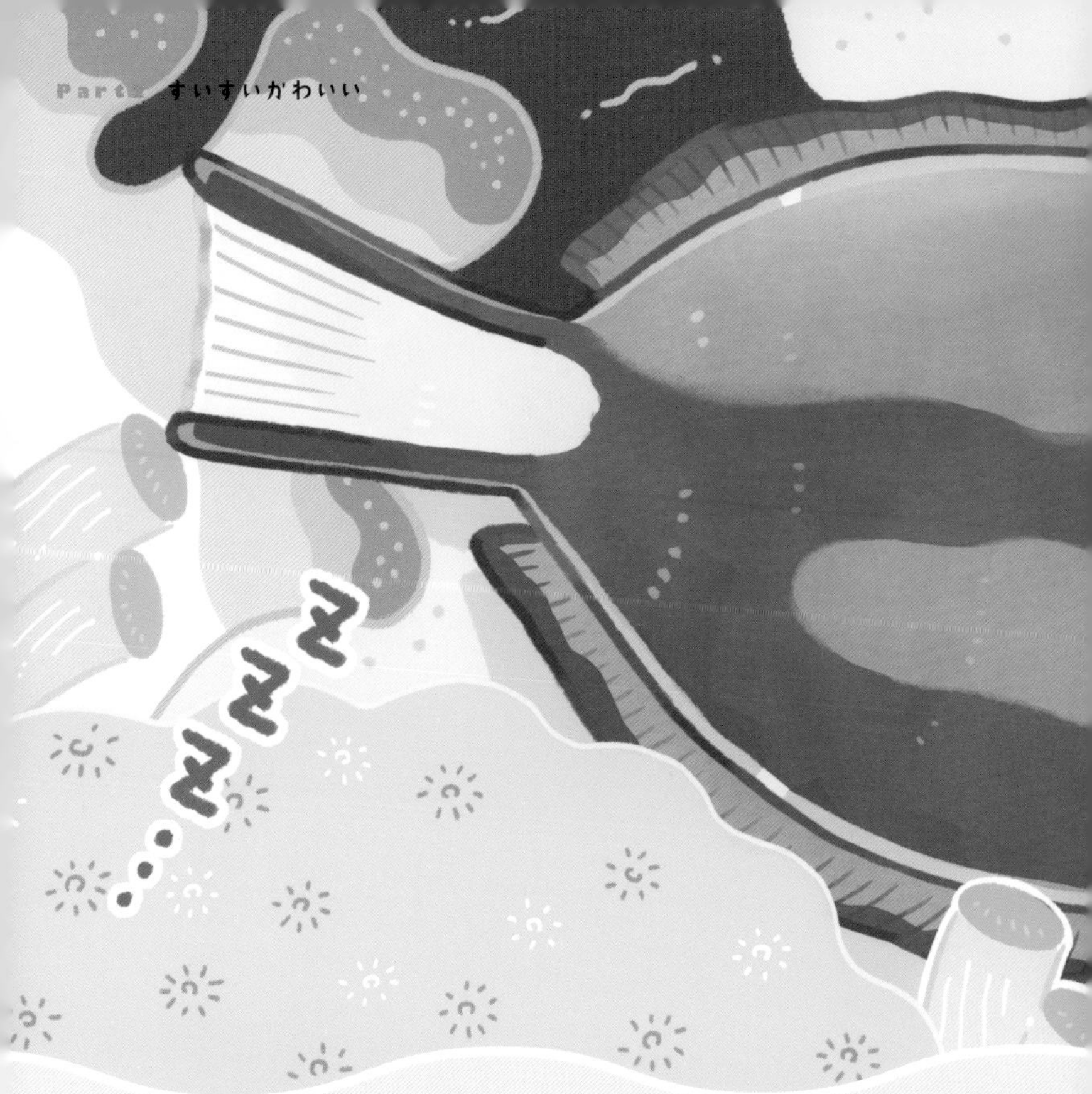

れます。胸《むな》びれを上下《じょうげ》にパタパタと動《うご》かして泳《およ》ぎ、休《やす》む時《とき》はサンゴしょうのせまいすき間《ま》にもぐりこみ、時《とき》には横《よこ》向《む》きになってすやすやねむることも。そのすがたはまるで人間《にんげん》のよう…？

プロフィール

ぶんるい
ニザダイ科《か》

おおきさ
体長《たいちょう》25cm

じゅみょう
およそ10年《ねん》

せいそくち
インド洋《よう》、西太平洋《にしたいへいよう》など

ジェンツーペンギンは
ペンギン界《かい》のスーパーアスリート！

ヘアバンドのような頭《あたま》のもようがかわいいジェンツーペンギンは、ペンギン界《かい》のスーパーアスリート。水中《すいちゅう》を泳《およ》ぐスピードはペンギン全《ぜん》18種類《しゅるい》の中《なか》で最速《さいそく》と言《い》われ、陸地《りくち》もスタスタ歩《ある》き、風《かぜ》にも負《ま》けずにダッシュ！ ジャンプ力もあり、海中《かいちゅう》にから海上《かいじょう》にフリッパーを広《ひろ》げて大《おお》きくとび上《あ》がることもあります。好奇心《こうきしん》おうせいな性格《せいかく》で、水族館《すいぞくかん》ではお客《きゃく》さんの持《も》ち物《もの》に興《きょう》味《み》をしめしたり、飼育員《しいくいん》さんのそうじ用具《ようぐ》を追《お》いかけたりと、元気《げんき》なすがたで愛《あい》されています。

ペンギンのマラソン？

彼《かれ》らが走《はし》る理由《りゆう》――
ズダダダダ
ピョンッ
ピョンッ
コケッ
長《なが》い道《みち》のりを必死《ひっし》に移動《いどう》する理由《りゆう》――
ダダダダ
ハァハァ
それは子《こ》どもたちにエサを与《あた》えるため！
おまたせ!!
おなかすいたよ〜!!
おかあさぁん
おとうさぁん

プロフィール

ぶんるい	ペンギン科《か》
おおきさ	体長《たいちょう》75cm
じゅみょう	およそ20年《ねん》
せいそくち	南極周辺《なんきょくしゅうへん》の島々《しまじま》など

マンボウはのんびり屋《や》に見《み》えるけど、エサを食《た》べる時《とき》はすばやい!?

体《からだ》のうしろ半分《はんぶん》を切《き》ったようなふしぎなすがたをしたマンボウは、フグのなかま。フグのなかまたちには腹《はら》びれがありませんが、マンボウには尾《お》びれもありません。上《じょう》下《げ》につき出《で》ているひれは背《せ》びれと尻《しり》びれで、体《からだ》のうしろには背《せ》びれと尻《しり》びれの一部《いちぶ》が変化《へんか》した、舵《かじ》びれがあります。泳《およ》ぐ時《とき》は、背《せ》びれ

と尻《しり》びれを同時《どうじ》に左右《さゆう》にふってパタパタと泳《およ》ぎ、舵《かじ》びれで進《すす》む方向《ほうこう》を変《か》えます。のんびりして泳《およ》ぎが下手《へた》なイメージのマンボウですが、エサを食《た》べようとする時《とき》には、すばやく泳《およ》ぎます。

プロフィール

ぶんるい
マンボウ科《か》

おおきさ
最大《さいだい》4m

じゅみょう
くわしいことは不明《ふめい》

せいそくち
世界中《せかいじゅう》の熱帯《ねったい》、温帯域《おんたいいき》

フエヤッコダイの長《なが》細《ほそ》い口《くち》は まるでピンセット

あざやかな黄《き》色《いろ》の体《からだ》がとくちょうのフエヤッコダイ。チョウチョウウオの仲《なか》間《ま》で、おもにサンゴしょうでくらしています。ぱたぱたと泳《およ》ぐすがたは、まさにお花畑《はなばたけ》をひらひらとまうチョウのよう。フエヤッコダイのとくちょうはなんといっても長《なが》くて細《ほそ》い口《くち》。一見《いっけん》、筒《つつ》のようですが口《くち》先《さき》は開《ひら》いていて、サン

ゴや岩《いわ》のすきまにあるエサをまるでピンセットでつまむようして食《た》べます。また背《せ》びれにはするどいトゲがならんでおり、そのトゲをつかってなかま同《どう》士《し》でけんかをすることも！

プロフィール

ぶんるい

チョウチョウウオ科《か》

おおきさ

全長《ぜんちょう》およそ20cm

じゅみょう

18年《ねん》（最高齢《さいこうれい》の記録《きろく》）

せいそくち

インド洋《よう》、太平洋《たいへいよう》など

ナンヨウマンタは悪《あく》魔《ま》の魚《さかな》とよばれるけれど、ダイバーから大《だい》人《にん》気《き》

「マンタ」とよばれるいきものはオニイトマキエイとナンヨウマンタの2種類で、**近年《きんねん》になって別種《べっしゅ》と分《ぶん》類《るい》されました。**成長《せいちょう》するとオニマキイトエイは横《よこ》はばおよそ6メートル、ナンヨウマンタはおよそ4メートルと、いくつかちがいがあります。2本《ほん》のツノがとび出《だ》たような見《み》た目《め》から「デビルフィッシュ（=悪魔《あくま》の魚《さかな》）」とよばれることもありますが、**性格《せいかく》はおだやかで頭《あたま》がよく、小《ちい》さなエサを食《た》べます。**ゆうがに泳《およ》ぐすがたはダイバーからも大人気《だいにんき》!

恐怖《きょうふ》？悪魔《あくま》の魚《さかな》のひみつ

この海《うみ》に出《で》もるらしいよ…
デビルフィッシュが…
こ、こわ…!!
ヒ――ッ ヒッヒッヒッ
コソコソ…
呼《よ》んだ～？
でた！
ギャ～～
よくこのツノが怖《こわ》いって言《い》われるんだ～
びっくりさせてごめんねぇ
え？めっちゃ優《やさ》しいじゃん
ホッ
ホッ

プロフィール

ぶんるい	イトマキエイ科《か》
おおきさ	2～4m
じゅみょう	20年以上《ねんいじょう》
せいそくち	インド洋《よう》、太平洋《たいへいよう》

バンドウイルカはウィンクしながらねむる!?

世界中《せかいじゅう》の暖《あたた》かい海《うみ》に生息《せいそく》し、多《おお》くの水族館《すいぞくかん》で見《み》ることができるバンドウイルカ。むれで生活《せいかつ》し、多《おお》い時《とき》には数千頭《すうせんとう》のむれになることも! 泳《およ》ぎのたつじんで、長《なが》いきょりをすばやく泳《およ》ぐことができます。そしてなんと、イルカたちは寝《ね》ている時《とき》も泳《およ》ぎつづけます。これは「半球睡眠《はんきゅうすいみん》」とよばれるじょ

うたいで、片目《かため》をとじて脳《のう》の半分《はんぶん》を休《やす》ませ、また片目《かため》をとじて…とくり返《かえ》し、浅《あさ》い睡眠《すいみん》を何度《なんど》も行《おこな》うことで、脳《のう》を休《やす》めているのです。まるでウィンクをしているような、キュートな寝《ね》すがたです。

プロフィール

ぶんるい
マイルカ科《か》

おおきさ
体長《たいちょう》2～4m

じゅみょう
20～30年《ねん》

せいそくち
世界中《せかいじゅう》の温帯《おんたい》、熱帯域《ねったいいき》

ミナミハコフグの赤《あか》ちゃんは「しあわせの黄《き》色《いろ》いサイコロ」

おちょぼ口《ぐち》があいらしいミナミハコフグの赤《あか》ちゃんは、黄《き》色《いろ》の体《からだ》に黒《くろ》の水玉《みずたま》もようのおしゃれなすがた。成長《せいちょう》するにつれ、大《おお》きさだけでなく体《からだ》や水玉《みずたま》の色《いろ》も変《か》わります。小《ちい》さな赤《あか》ちゃんが泳《およ》ぐすがたは、まるで黄《き》色《いろ》いサイコロがぴこぴこと動《うご》いているかのよう。でも、きけんを感《かん》じた時《とき》などには、皮《ひ》ふ

からパフトキシンというもう毒《どく》を出《だ》します。「しあわせの黄《き》色《いろ》いサイコロ」とよばれ、ダイバーたちからアイドル的《てき》な人《にん》気《き》をほこるミナミハコフグですが、実《じつ》は意《い》外《がい》とおっかないのかも…？

プロフィール

ぶんるい

ハコフグ科《か》

おおきさ

体長《たいちょう》45cm（最大《さいだい》）

じゅみょう

くわしいことは不《ふ》明《めい》

せいそくち

インド洋《よう》、西太平洋《にしたいへいよう》など

スナメリはにこにこしながら天《てん》使《し》のわっかをつくる

白《しろ》くて丸《まる》い いきものたち

丸《まる》い頭《あたま》とにっこりしたような口《くち》もとがあいらしいスナメリは、クジラやイルカのなかま。うすいグレーの小《ちい》さな体《からだ》ですが、胸《むな》びれは大《おお》きく、肩《かた》のあたりから尾《お》びれにかけてのでっぱりがとくちょう。魚《さかな》やエビなど、ひかくてきなんでも食《た》べます。砂《すな》の中《なか》にひそむエサをみつけたら、口《くち》からびゅっと水《みず》をふきかけ、かくれているえものをつかまえることもあるのだとか。同《おな》じようにしてつくる「バブルリング」は、まるで天使《てんし》のわのように美《うつく》しく、うっとりします。

スナメリとシロイルカなにがちがうの?
ワシが説明《せつめい》しよう!
ヒョコッ
シロイルカ
スナメリは口元《くちもと》がまるくクチバシがない!
ほんとだ!!
あとスナメリのほうがちいさい!!
ちなみにワシはどちらも大好《だいす》きじゃ!
スイ〜
お手振《てふ》りして!
LOVE

プロフィール

ぶんるい	ネズミイルカ科《か》
おおきさ	体長《たいちょう》1.5〜2m
じゅみょう	25〜30年《ねん》
せいそくち	東《ひがし》アジアの沿岸《えんがん》地域《ちいき》

アカシュモクザメの頭《あたま》は、まるで金《かな》づちのようなT字《じ》形《がた》

T字《じ》の頭《あたま》がユニークなアカシュモクザメは、英《えい》語《ご》では「ハンマーヘッドシャーク（＝金《かな》づちの頭《あたま》のような形《かたち》をしたサメ）」とよばれます。「シュモク」も、お寺《てら》のかねを鳴《な》らす時《とき》に使《つか》うT字《じ》形《がた》をした道《どう》具《ぐ》の名《な》前《まえ》からとられています。この平《たい》らな頭《あたま》の中《なか》には、「ロレンチーニきかん」という、サメたちが持《も》つ

電気《でんき》を感《かん》じるセンサーのようなしくみがかくされています。エサとなるいきものが発《はっ》する電流《でんりゅう》を感知《かんち》し、時《とき》には砂《すな》の中《なか》にひそむいきものをみつけだすこともできるのです。

プロフィール

ぶんるい

シュモクザメ科《か》

おおきさ

全長《ぜんちょう》4m

じゅみょう

およそ30年《ねん》

せいそくち

世界中《せかいじゅう》の熱帯《ねったい》、温帯域《おんたいいき》

キイロハギのあざやかな黄色《きいろ》は、意外《いがい》と目立《めだ》たない？

名前《なまえ》のとおり、あざやかな黄色《きいろ》いすがたをしたキイロハギは、うちわのようなおおきな背《せ》びれと尻《しり》びれをもち、サンゴしょうでくらしています。色があざやかなので目《め》立《だ》ってしまい、敵《てき》からねらわれやすいのでは？　と心配《しんぱい》になりますが、サンゴしょうは色《いろ》とりどりのカラフルな場所《ばしょ》なので、むしろ目《め》

立《だ》ちにくくなっています。草食《そうしょく》の魚《さかな》で、とくちょうてきなおちょぼ口《ぐち》をつかい、海《かい》そうなどをつついて食《た》べます。日本《にほん》でも、高知県以南《こうちけんいなん》の場所《ばしょ》でせいそくしています。

プロフィール

ぶんるい
ニザダイ科《か》

おおきさ
全長《ぜんちょう》およそ15cm

じゅみょう
30年《ねん》（最高齢《さいこうれい》の記録《きろく》）

せいそくち
インド洋《よう》、太平洋《たいへいよう》など

コツメカワウソはかわいいだけじゃなく、とってもワイルド!

カワウソのなかまでは最《もっと》も小《ちい》さいコツメカワウソは、河川《かせん》や海岸《かいがん》などでくらしています。泳《およ》ぎがとくいで、しっぽや体《からだ》をひねって方向《ほうこう》をちょうせいし、うしろ足《あし》を使《つか》って力強《ちからづよ》く泳《およ》ぎます。また、消化《しょうか》のスピードがとてもはやいため、一《いち》日《にち》にたくさんエサを食《た》べる必要《ひつよう》があります。前足《まえあし》できように魚《さかな》やザリガニをつかみ、口《くち》に運《はこ》んでバリバリかみくだくすがたはとってもワイルド！　近年《きんねん》、野生《やせい》では生息《せいそく》数《すう》が少なくなり、絶滅《ぜつめつ》の危機《きき》が高《たか》まっています。

ちいさな巨人《きょじん》

小《ちい》さくてかわいいカワウソは
キャー!! カワイイ!
水族館《すいぞくかん》のアイドル!
カワイイでしょ♡
ごはんだよ〜
でも飼育員《しいくいん》さんの前《まえ》では――……
キラ〜〜ン…
ごはん〜!!
ガブッ
ガブッ
バリバリ
めっちゃワイルド!

プロフィール

ぶんるい	イタチ科《か》
おおきさ	全長《ぜんちょう》50〜70cm
じゅみょう	12〜15年《ねん》
せいそくち	東南《とうなん》アジアなど

ミナミイワトビペンギンは ぴょんぴょんとびでいどうする

両《りょう》足《あし》をそろえ、岩《いわ》場《ば》をぴょんぴょんはねていどうするミナミイワトビペンギン。すばやくいどうし、がけなどのきけんなばしょにもかかんにいどみます。目《め》の色《いろ》はかんきょうや年《ねん》れいなどによってちがいがあり、多《おお》くは赤《あか》色《いろ》ですが、黄《き》色《いろ》がかった色《いろ》をしている個《こ》体《たい》も。目《め》の上《うえ》の美《うつく》しい黄《き》色《いろ》い羽《はね》は「冠《かん》羽《う》」

といい、赤《あか》ちゃんの時《とき》は生《は》えていません。「ミナミ」のほかに、「キタイワトビペンギン」や亜種《あしゅ》の「ヒガシイワトビペンギン」もいて、くらす場所《ばしょ》によってそれぞれびみょうなちがいがあります。

プロフィール

ぶんるい

ペンギン科《か》

おおきさ

体長《たいちょう》45～55cm

じゅみょう

およそ20年《ねん》

せいそくち

フォークランド諸島《しょとう》など

バイカラードティーバックは みんなの目《め》をひくおしゃれさん

体《からだ》のまえ半分《はんぶん》はあざやかなむらさき色《いろ》、うしろ半分《はんぶん》は黄色《きいろ》という、カラフルな熱帯魚《ねったいぎょ》たちのなかでも、ひときわ目《め》をひくバイカラードティーバック。太平洋西部《たいへいようせいぶ》のサンゴしょうでくらす魚《さかな》で、日本《にほん》ではまだ見《み》つかっていません。むれは作《つく》らず、おもに単独《たんどく》で、もしくは少数《しょうすう》でくらします。ふだんは岩《いわ》か

げにかくれて生活《せいかつ》していますが、なわばり意識《いしき》がつよく、じゃま者《もの》を見《み》つけるとすぐにおいだすほど気《き》がつよめ。体《からだ》は小《ちい》さくても、そのそんざい感《かん》とオーラはスーパーモデル級《きゅう》です。

プロフィール

ぶんるい
メギス科《か》

おおきさ
全長《ぜんちょう》7cm（最大《さいだい》）

じゅみょう
くわしいことは不明《ふめい》

せいそくち
西太平洋《にしたいへいよう》

column

美《うつく》しく光《ひか》る海《うみ》のいきもの

カブトクラゲは海《うみ》のイルミネーション？

頭《あたま》にかぶる「かぶと」のような形《かたち》をしていることから名《な》がついたカブトクラゲは、8列《れつ》にならぶ遊泳《ゆうえい》器《き》官《かん》「くし板《いた》」を順序《じゅんじょ》よく動《うご》かして泳《およ》ぎます。すると、動《うご》いているくし板《いた》が光《ひかり》を反射《はんしゃ》して、キラキラと虹色《にじいろ》のように光《ひか》って見《み》えます。そのすがたは、まるでイルミネーションのように幻想《げんそう》的《てき》でうっとりします。

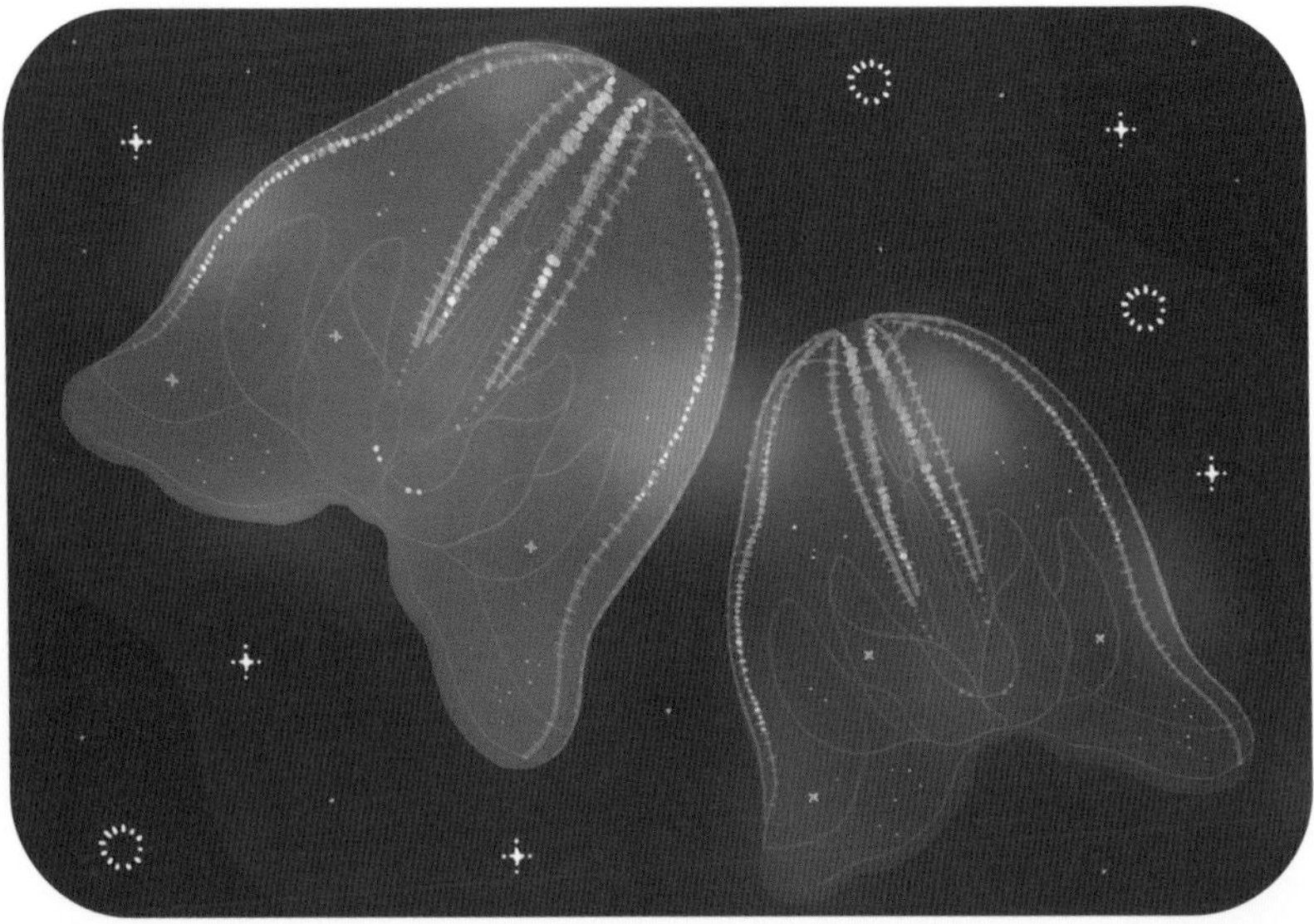

海《うみ》には、光《ひかり》を反射《はんしゃ》するなどして、美《うつく》しく光《ひか》りかがやく
宝石《ほうせき》のようないきものたちがいます。
それはただ美《うつく》しいだけじゃなく、敵《てき》から身《み》をまもるなど、
生《い》きぬくための戦略《せんりゃく》です。
そんな幻想的《げんそうてき》な光《ひかり》のひみつにせまります

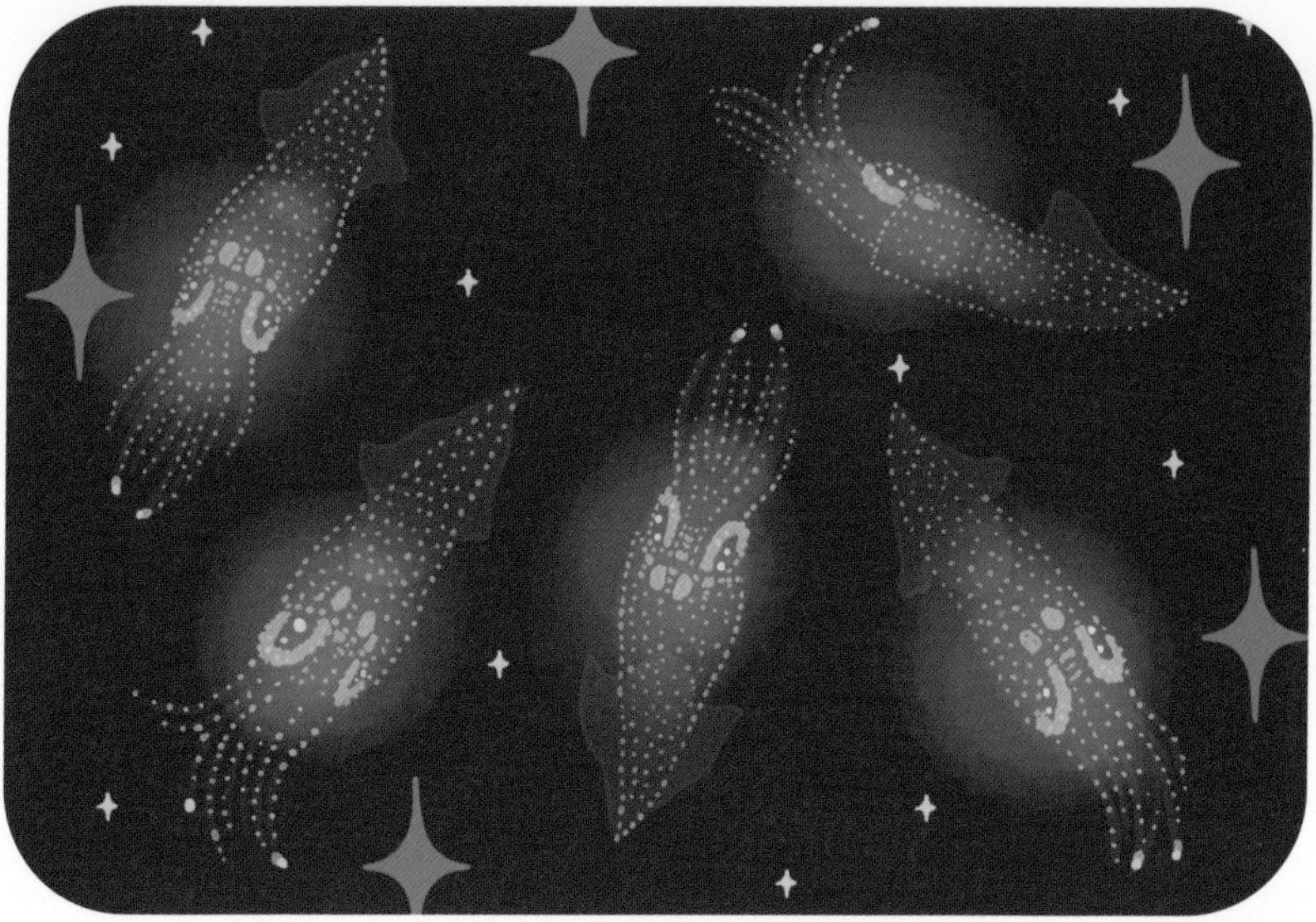

ホタルイカはキラキラかしこい

ホタルイカは、体《からだ》に光《ひかり》を出《だ》す発光器《はっこうき》があり、体《からだ》を青白《あおじろ》く光《ひか》らせたり、光《ひかり》を消《け》したりできます。海《うみ》のなかでは体《からだ》の影《かげ》で天敵《てんてき》に見《み》つかることもあるので、光《ひか》ることで影《かげ》をごまかす「カウンターイルミネーション」をおこないます。また、なかまと交流《こうりゅう》をする時《とき》にも光《ひかり》は使《つか》われていると考《かんが》えられています。

part 3

のんびりかわいい

のんびりとした見《み》た目《め》やうごきをする、
いやしの海《うみ》のいきものたち

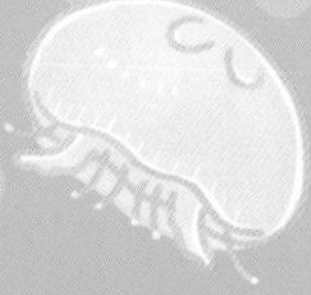

メンダコは耳《みみ》のようなひれを ぱたぱたさせて泳《およ》ぐ「深《しん》海《かい》のアイドル」

手《て》のひらにのるほどの小《ちい》さなサイズで、耳《みみ》のようなひれをぱたぱたと動《うご》かして泳《およ》ぐすがたがキュートなメンダコ。ユニークな見《み》た目《め》をしていますが、タコの仲間《なかま》で、足《あし》はちゃんと8本《ほん》あります。でもスカート状《じょう》になった膜《まく》でつながっているので、足《あし》を1本《ぽん》1本《ぽん》うねうねと動《うご》かすことはできません。またスミをはくこともできず、きゅうばんも1列《れつ》だけ（一般的《いっぱんてき》なタコは2列《れつ》）という、タコの中《なか》でもかなり異色《いしょく》なそんざい。なぞ多《おお》き「深海《しんかい》のアイドル」なのです。

プロフィール

ぶんるい	メンダコ科《か》
おおきさ	体長《たいちょう》およそ20cm
じゅみょう	くわしいことは不明《ふめい》
せいそくち	東《ひがし》シナ海《かい》など

メンダコはタコ？

メンダコってタコなの？
そうよ〜
シュン…
また いわれた
たしかに スミははかないし きゅうばんも 1列《れつ》だけど…
※マダコは2列《れつ》
マダコ
メンダコ
パタ
パタ
あたしだって 立派《りっぱ》なタコなのよ！
タコっていうより パンケーキだね
ガーン
ほんとね〜

ジュゴンはごはんの時《とき》も、泳《およ》ぐ時《とき》も、ゆったりのんびり

ジュゴンは人魚伝説《にんぎょでんせつ》のモデルになったと言《い》われる、大《おお》きな海《うみ》のほ乳類《にゅうるい》です。よく似《に》たマナティー（14ページ）とのちがいのひとつに口《くち》の向《む》きがあり、ジュゴンの口《くち》は下《した》を向《む》いています。これは海底《かいてい》にある海《かい》そうを効率《こうりつ》よく食《た》べられるように進化《しんか》したから。じょうぶな骨《ほね》と肺《はい》を持《も》っているので、海《うみ》のほ乳類《にゅうるい》の中《なか》

で最《もっと》もラクなしせいを保《たも》つことができるのだとか。水《すい》中《ちゅう》をのんびり浮《ふ》遊《ゆう》し、海《かい》そうをむしゃむしゃ食《た》べ、時《とき》にはあくびをする、そんな“省《しょう》エネ”なすがたは水《すい》族《ぞく》館《かん》でも大《だい》人《にん》気《き》です。

プロフィール

ぶんるい
ジュゴン科《か》

おおきさ
体長《たいちょう》およそ3m

じゅみょう
60〜70年《ねん》

せいそくち
西太平洋《にしたいへいよう》、インド洋《よう》

コモリザメは海底《かいてい》でじっとして、えものをゆっくりと待《ま》つ

コモリザメは3メートルほどに成《せい》長《ちょう》する大型《おおがた》のサメ。日中《にっちゅう》は海底《かいてい》でじっとしています。多《おお》くのサメは口《くち》からエラに海水《かいすい》をとりこみ呼吸《こきゅう》をするため、泳《およ》ぎ続《つづ》ける必要《ひつよう》がありますが、コモリザメは頭《あたま》の横《よこ》にある「噴水《ふんすい》こう」というきかんで呼吸《こきゅう》をすることができるので、動《うご》く必要《ひつよう》がなく、じっとしていられ

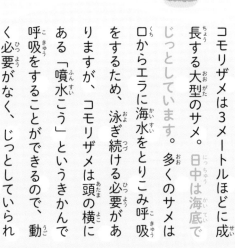

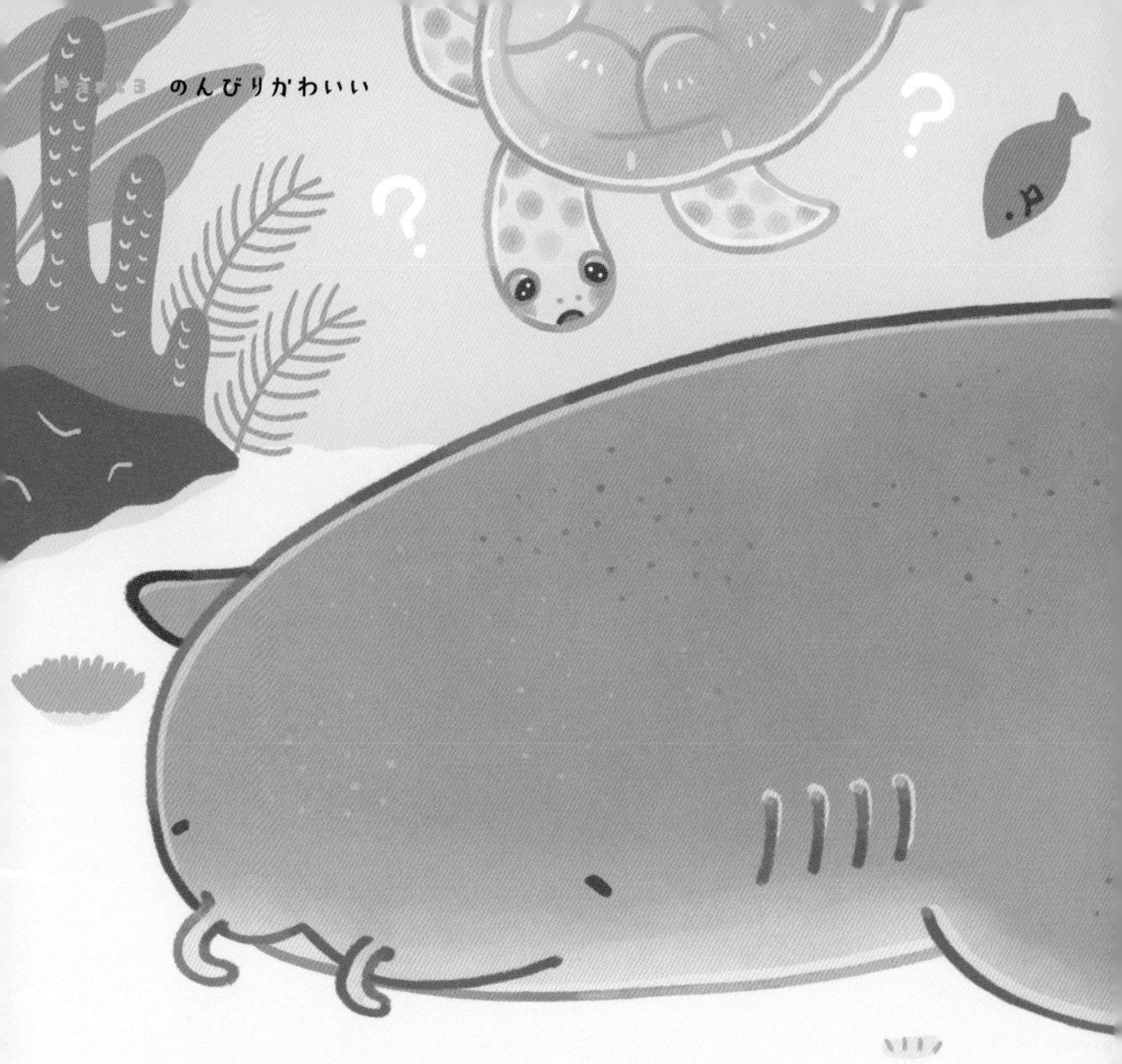

ます。そんな様子《ようす》から寝《ね》ているようにみえるコモリザメですが、エサであるエビなどが近《ちか》づいてくると、すごいいきおいで吸《す》いこみ、ぱくっと丸《まる》のみ！　のんびりしていると油断《ゆだん》してはいけません。

プロフィール

ぶんるい

コモリザメ科《か》

おおきさ

全長《ぜんちょう》4.3m（最大《さいだい》）

じゅみょう

25年《ねん》（最高齢《さいこうれい》の記録《きろく》）

せいそくち

西大西洋《にしたいせいよう》、東太平洋《ひがしたいへいよう》など

ケープペンギンはパンダのような体《からだ》の色《いろ》で、鳴《な》き声《ごえ》はロバ？

そっくりペンギンたち

ケープペンギン
さっきペンギン間違《まちが》いされちゃった～
また？全然《ぜんぜん》ちがうのにね
マゼランペンギン
フンボルトペンギン
わたしは胸元《むなもと》のラインが2本《ほん》
かおのピンク色《いろ》が多《おお》いのがわたし
マゼラン
フンボルト
ケープ
2時間後《じかんご》――…
いそげ！
また話《はな》しすぎちゃった！
ピュ～ッ
いつもバタバタだね…
※ケープペンギンだけはなれた場所《ばしょ》にすんでいる

ケープペンギンは、南《みなみ》アフリカ共《きょう》和《わ》国《こく》やナミビア沿《えん》岸《がん》に生《せい》息《そく》するペンギンで、岩《いわ》場《ば》や草《くさ》地《ち》でくらしています。白《しろ》と黒《くろ》がはっきりわかれた体《からだ》の色《いろ》合《あ》いはまるでパンダのようですが、クチバシの上《うえ》から目《め》のまわりは暑《あつ》さ対《たい》策《さく》で羽《はね》が生《は》えておらず、ピンク色《いろ》をしています。愛《あい》情《じょう》を伝《つた》えるときやなわばりあらそいの時《とき》にはさかんに鳴《な》きますが、その声《こえ》はロバにそっくり！ そのため英《えい》語《ご》では「ジャッカス（オスのロバ）ペンギン」ともよばれています。

プロフィール

ぶんるい	ペンギン科《か》
おおきさ	体長《たいちょう》およそ70cm
じゅみょう	およそ25年《ねん》
せいそくち	アフリカ南部沿岸《なんぶえんがん》

ホシエイは笑《わら》っているようにみえて、実《じつ》は笑《わら》っていない？

黒《くろ》い体《からだ》の表面《ひょうめん》にならぶ白《しろ》い斑点《はんてん》が、夜空《よぞら》にかがやく星《ほし》のように見《み》えることから名前《なまえ》がついたホシエイ。下《した》から見《み》ると、にっこりやさしい笑顔《えがお》をうかべているように見《み》えますが、それは顔《かお》ではなく、実《じつ》は目《め》のように見《み》えるのは鼻《はな》の穴《あな》です。ホシエイの両目《りょうめ》は背中側《せなかがわ》にあり、砂《すな》にもぐっても周《まわ》りを見《み》るこ

とができるようになっています。また目《め》のうしろには、呼吸《こきゅう》をするための「噴水《ふんすい》こう」というきかんがあります。しっぽのつけ根《ね》には毒《どく》のトゲを持《も》っており、自分《じぶん》の身《み》を守《まも》るために使《つか》います。

プロフィール

ぶんるい

アカエイ科《か》

おおきさ

全長《ぜんちょう》およそ3m

じゅみょう

28年《ねん》（最高齢《さいこうれい》の記録《きろく》）

せいそくち

日本近海《にほんきんかい》

ミズクラゲの体《からだ》には
四《よ》つ葉《ば》のクローバーがある？

英語《えいご》で「Moon《ムーン》 jellyfish《ジェリーフィッシュ》（月《つき》のクラゲ）」とよばれるミズクラゲは、すきとおる丸《まる》い形《かたち》が満月《まんげつ》のようで、幻想的《げんそうてき》。かさのまん中《なか》には四《よ》つ葉《ば》のクローバーのようなもようがありますが、その正体《しょうたい》は〝胃《い》腔《こう》〟というきかんで、ヒトでいうところの胃《い》と同《おな》じ役割《やくわり》をはたします。ミズクラゲの胃腔《いこう》はほとんどが4つで、クローバーもようをしていますが、時《とき》には5つや6つあるものも！空腹時《くうふくじ》は半透明《はんとうめい》をしている胃腔《いこう》ですが、エサを食《た》べると、食《た》べたものの色《いろ》に変化《へんか》します。

ミズクラゲのクローバー

このクローバー模様《もよう》……
じつは胃《い》なんです
透明《とうめい》だからなにを食《た》べたか
見《み》ればわかります
は〜い
あのこはオレンジ色《いろ》の
プランクトンを食《た》べました
あのこは……
えっと……
なにを食《た》べたんだろう……

プロフィール

ぶんるい	ミズクラゲ科《か》
おおきさ	直径《ちょっけい》およそ30㎝
じゅみょう	およそ1年《ねん》
せいそくち	日本近海《にほんきんかい》など

スミツキイシガキフグは まん丸《まる》ボディでいつもトゲトゲ

スミツキイシガキフグは、日本《にほん》の反対側《はんたいがわ》にあるニュージーランドなどにくらすハリセンボンのなかま。おちょぼ口《ぐち》で、ぱっちりとした大《おお》きな瞳《ひとみ》をしています。よく似《に》たハリセンボンとのちがいはトゲの様《よう》子《す》です。ハリセンボンのトゲはふだん体《からだ》にそってたおれており、おどろいたりきけんを感《かん》じたりする

と体《からだ》をふくらませてトゲを立《た》たせます。一方《いっぽう》、スミツキイシガキフグのトゲはふだんから立《た》っています。その見《み》た目《め》から「Porcupine Fish（ヤマアラシ魚《ざかな》）」とよばれることもあります。

プロフィール

ぶんるい
ハリセンボン科《か》

おおきさ
最大《さいだい》50cm

じゅみょう
くわしいことは不《ふ》明《めい》

せいそくち
タスマン海《かい》など

タツノオトシゴはゆうがに見《み》えて、実《じつ》は流《なが》されないように必《ひっ》死《し》

タツノオトシゴはユニークな見《み》た目《め》をしていますが、れっきとした魚《さかな》のなかまです。胸《むな》びれと尾《お》びれはなく、背《せ》びれと小《ちい》さな尻《しり》びれがあります。ひれとはべつに長《なが》い尾《お》を持《も》っており、ふだんは海《うみ》に流《なが》されないよう、尾《お》の先《さき》を海《かい》そうなどにくるくる巻《ま》きつけて生活《せいかつ》しています。また、まわりのかんきょう合《あ》わせて体《からだ》の色《いろ》を変《か》え、身《み》をかくすことができます。あらそいを好《この》まないタツノオトシゴは、さまざまなものにぎたいしながら、へいわにくらしているのです。

愛《あい》のシンボル

タツノオトシゴは
オスが赤《あか》ちゃんを出産《しゅっさん》する
カンガルーみたいでしょ
オスはメスから
受《う》け取《と》ったたまごを
おなかのふくろで育《そだ》てる
がんばって！
まかせて！
そのすがたは
愛《あい》のシンボルとも
よばれている――
うつくしい…

プロフィール

ぶんるい	ヨウジウオ科《か》
おおきさ	種類《しゅるい》による
じゅみょう	およそ3年《ねん》
せいそくち	世界中《せかいじゅう》の温帯域《おんたいいき》

シロワニはきょうぼうそうな見《み》た目《め》だけど、中身《なかみ》はおとなしい

するどい歯《は》をもつ強面《こわもて》のシロワニは、暖《あたた》かい海《うみ》でくらす大型《おおがた》のサメです。サメなのに名前《なまえ》に「ワニ」とあるのは、昔《むかし》サメのことをワニとよんでいた名残《なごり》から。ギザギザのするどい歯《は》は毎週《まいしゅう》新《あたら》しくなり、一生《いっしょう》のうちに3万《まん》本《ぼん》も歯《は》が生《は》え変《か》わると言《い》われています。いかにもきょうぼうそうな見《み》た目《め》で恐《おそ》れら

れることも多《おお》いシロワニですが、性格《せいかく》はおとなしく、基本的《きほんてき》には人《ひと》をおそうことはないようです。そんな見《み》た目《め》とのギャップからシロワニを「巨大《きょだい》な子犬《こいぬ》」とよんだ学者《がくしゃ》もいたとか。

プロフィール

ぶんるい
オオワニザメ科《か》

おおきさ
全長《ぜんちょう》およそ3m

じゅみょう
15年《ねん》以《い》上《じょう》

せいそくち
世界中《せかいじゅう》の温帯域《おんたいいき》

シロナガスクジラはなににおいてもスケールが大《おお》きい！

地球上《ちきゅうじょう》で最大《さいだい》の生物《せいぶつ》であるシロナガスクジラは、すべてのスケールがけたちがいに大《おお》きく、重《おも》さは旅《りょ》客《かく》機《き》と同《おな》じくらいのおよそ200トン。食事《しょくじ》もごうかいで、海《かい》水《すい》ごとエサのオキアミを丸《まる》のみし、1日《にち》に数《すう》トン食《た》べます。海《かい》面《めん》で呼《こ》吸《きゅう》すると鼻《はな》息《いき》で海《かい》水《すい》がとび、その高《たか》さは9メートルにも。声《こえ》は

1600キロメートル先《さき》まで届《とど》くとも言《い》われています。夏《なつ》はエサが豊富《ほうふ》な寒《さむ》い海《うみ》で、冬《ふゆ》は子育《こそだ》てのために暖《あたた》かい海《うみ》でくらします。赤《あか》ちゃんは1日《にち》におよそ90キログラム単《たん》位《い》で体重《たいじゅう》が増《ふ》えていきます。

プロフィール

ぶんるい

ナガスクジラ科《か》

おおきさ

体長《たいちょう》24〜30m

じゅみょう

35〜40年《ねん》

せいそくち

世界中《せかいじゅう》の海《うみ》

ゴマフアザラシの赤《あか》ちゃんは ゴマもようではなく白《しろ》くてもふもふ

体《からだ》の斑《はん》点《てん》もようがゴマのように見《み》えることから名《な》前《まえ》がついたゴマフアザラシ。陸《りく》上《じょう》ではゆっくりと移《い》動《どう》しますが、水《すい》中《ちゅう》ではすばやく泳《およ》ぎ、長《なが》い時《じ》間《かん》もぐり続《つづ》けることができます。生《う》まれたばかりの赤《あか》ちゃんは、黄《き》色《いろ》がかった白《しろ》いもふもふの毛《け》でおおわれています。赤《あか》ちゃんは氷《こおり》の上《うえ》で生《う》まれますが、

産毛《うぶげ》が氷《こおり》とよく似《に》た白《しろ》い色《いろ》をしているので、ほご色《しょく》の役割《やくわり》をはたし、天敵《てんてき》に見《み》つかりにくくなっているのです。2～4週間後《しゅうかんご》には毛《け》が生《は》えかわり、おとなと同《おな》じゴマもようになります。

プロフィール

ぶんるい

アザラシ科《か》

おおきさ

体長《たいちょう》1.6～1.7m

じゅみょう

およそ30年《ねん》（飼育下《しいくか》）

せいそくち

北太平洋《きたたいへいよう》

トラフザメはサメだけど小《ちい》さな口《くち》。
でも吸《すう》いこむ力《ちから》は…？

のんびり トラフザメ

トラフザメはサンゴしょうでくらしています。幼《おさな》いころの、黒《くろ》い体《からだ》に白《しろ》いシマもようの入《はい》った**トラのような見《み》た目《め》から「トラフザメ」**と名《な》付《づ》けられましたが、成《せい》長《ちょう》すると黒《くろ》い斑《はん》点《てん》もようになるので、どちらかというとヒョウみたい。トラフザメの体《からだ》は細《ほそ》長《なが》く、正面《しょうめん》から見《み》ると頭《あたま》はまん丸《まる》。口《くち》はそんなに大《おお》きくありませんが、口《くち》のまわりはぶあつくなっています。この**口《くち》をせまいサンゴの間《あいだ》などにつっこみ、**見《み》つけたエサを吸《す》いこむようにして食《た》べるのです。

わ！サメだ！
zzz…
大丈夫《だいじょうぶ》！トラフザメはおとなしいんだ
な〜んだ！お父《とう》さんは物《もの》知《し》りだね
エッヘン!!
ホッ
やっぱりやばいじゃん！
キャ〜
スッッ

プロフィール

ぶんるい	トラフザメ科《か》
おおきさ	体長《たいちょう》およそ2.5m
じゅみょう	およそ30年《ねん》
せいそくち	インド洋《よう》、西太平洋《にしたいへいよう》

アデリーペンギンはいちばん〝ペンギン〟らしいペンギン？

アデリーペンギンは南極大陸《なんきょくたいりく》とその周辺《しゅうへん》の島々《しまじま》でくらすペンギンです。南極《なんきょく》でくらしているイメージがあるペンギンですが、実《じつ》はペンギン全《ぜん》18種《しゅ》のうち南極圏《なんきょくけん》ではんしょくするのは、アデリーペンギンとコウテイペンギンの2種《しゅ》だけです。アイリングとよばれる目《め》をとりまく白《しろ》い羽《はね》がとくちょうで、はっき

りとした白《しろ》と黒《くろ》の体《からだ》の色《いろ》は一般《いっぱん》的《てき》なペンギンのイメージにちかいかも？　陸上《りくじょう》でとびはねたり、水中《すいちゅう》では速《はや》いスピードで泳《およ》ぐなど、元《げん》気《き》いっぱいな様子《ようす》で知《し》られます。

プロフィール

ぶんるい

ペンギン科《か》

おおきさ

体長《たいちょう》50～75cm

じゅみょう

およそ20年《ねん》

せいそくち

南極大陸《なんきょくたいりく》とその周辺《しゅうへん》

コバンザメは大《おお》きいいきものにくっついて生活する

「コバンザメ」という名前《なまえ》ですがサメではなく、タイやスズキなど骨《ほね》のかたい魚《さかな》のなかま。頭《あたま》のうしろには背《せ》びれが変化《へんか》したこばん形《がた》の吸《きゅう》ばんがあり、クジラやウミガメなどにくっついてくらしています。吸《きゅう》ばんの吸着力《きゅうちゃくりょく》はとても強力《きょうりょく》！　くっついているいきものが速《はや》く泳《およ》いでもはずれません。大《おお》きないきも

のについていれば、敵《てき》におそわれる心配《しんぱい》が少《すく》なくなり移動《いどう》もラク、さらにエサのおこぼれもゲットできます。水族館《すいぞくかん》ではガラスに付《つ》いていることもあるので、こばんをよく観察《かんさつ》できます。

プロフィール

ぶんるい

コバンザメ科《か》

おおきさ

全長《ぜんちょう》およそ1m

じゅみょう

くわしいことは不明《ふめい》

せいそくち

世界中《せかいじゅう》の暖《あたた》かい海《うみ》

※東太平洋《ひがしたいへいよう》をのぞく

アカグツが海底《かいてい》でじっとしている様子《ようす》は、まるでしゃもじ

上下《じょうげ》からおしつぶしたように平《ひら》べったく、トゲトゲした赤《あか》い体《からだ》は、まるで赤《あか》いしゃもじのようなアカグツは、アンコウのなかまです。ふだんは海底《かいてい》でじっとしていることが多《おお》く、移動《いどう》する時《とき》は胸《むな》びれを使《つか》い海底《かいてい》を歩《ある》きます。そのすがたや顔《かお》つきはどこかカエルに似《に》ていますが、じっさいに「アカグツ」

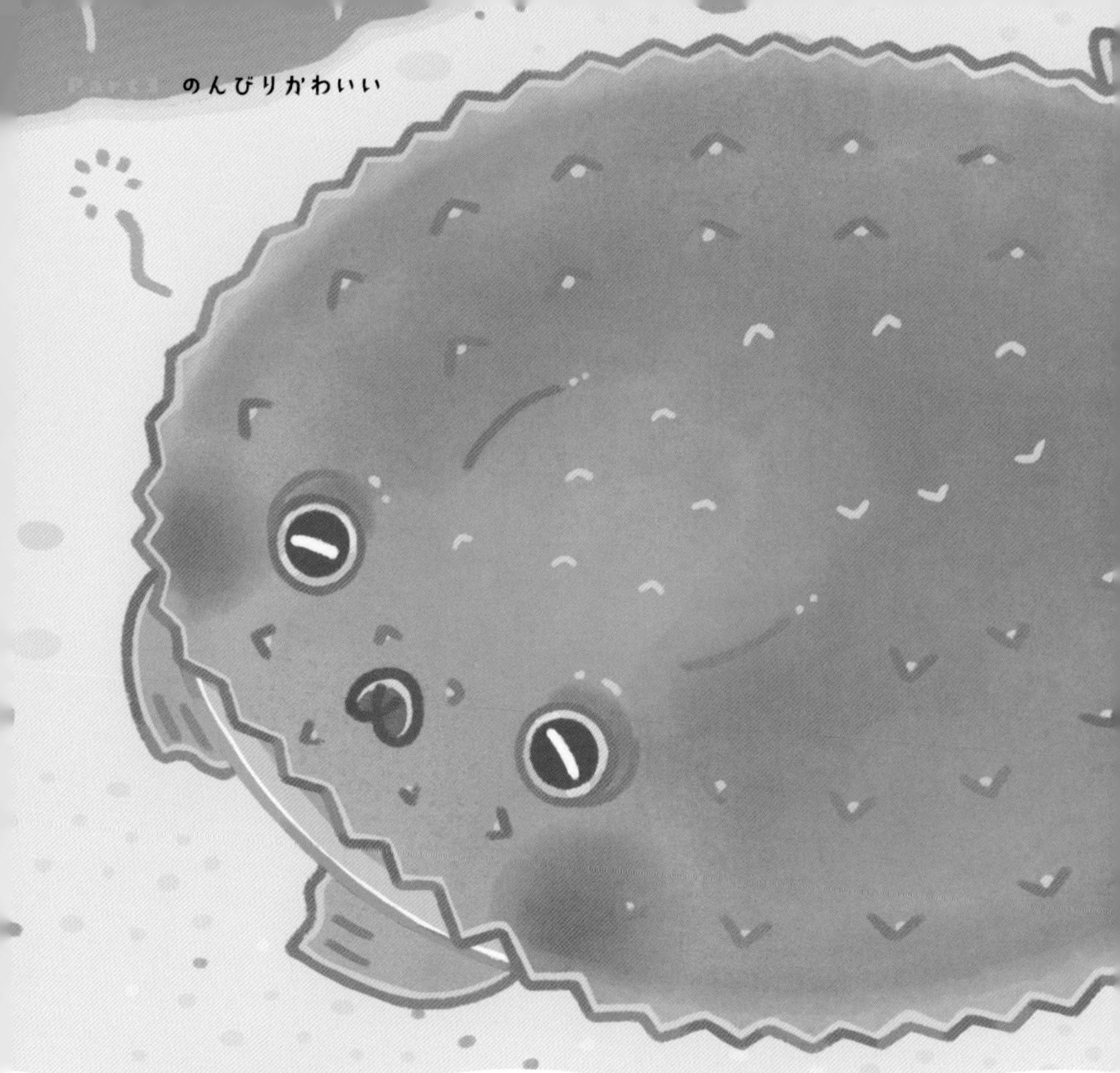

という名前《なまえ》の由来《ゆらい》として、かつてヒキガエルがクツとよばれていたことから、「赤《あか》いカエル=アカグツ」になったという説《せつ》もあります。

プロフィール

ぶんるい

アカグツ科《か》

おおきさ

体長《たいちょう》20～30cm

じゅみょう

くわしいことは不《ふ》明《めい》

せいそくち

日《に》本《ほん》周《しゅう》辺《へん》など

column

すやすやねむるいきものたち

ハイギョは冬眠《とうみん》ならぬ夏眠《かみん》をする

魚《さかな》だけど肺《はい》があるので、水《みず》のないかんきょうでも呼吸《こきゅう》することができる、めずらしい古《こ》代魚《だいぎょ》・ハイギョ。アフリカなどにすむハイギョは、水《みず》が干《ひ》上《あ》がる乾季《かんき》の夏《なつ》になると土《つち》に穴《あな》をほり、そのなかで泥《どろ》と自《じ》分《ぶん》の粘液《ねんえき》で作ったマユで全身《ぜんしん》をつつみ、体《からだ》のかんそうを防《ふせ》ぎます。この行動《こうどう》は冬眠《とうみん》ならぬ、夏眠《かみん》といいます。

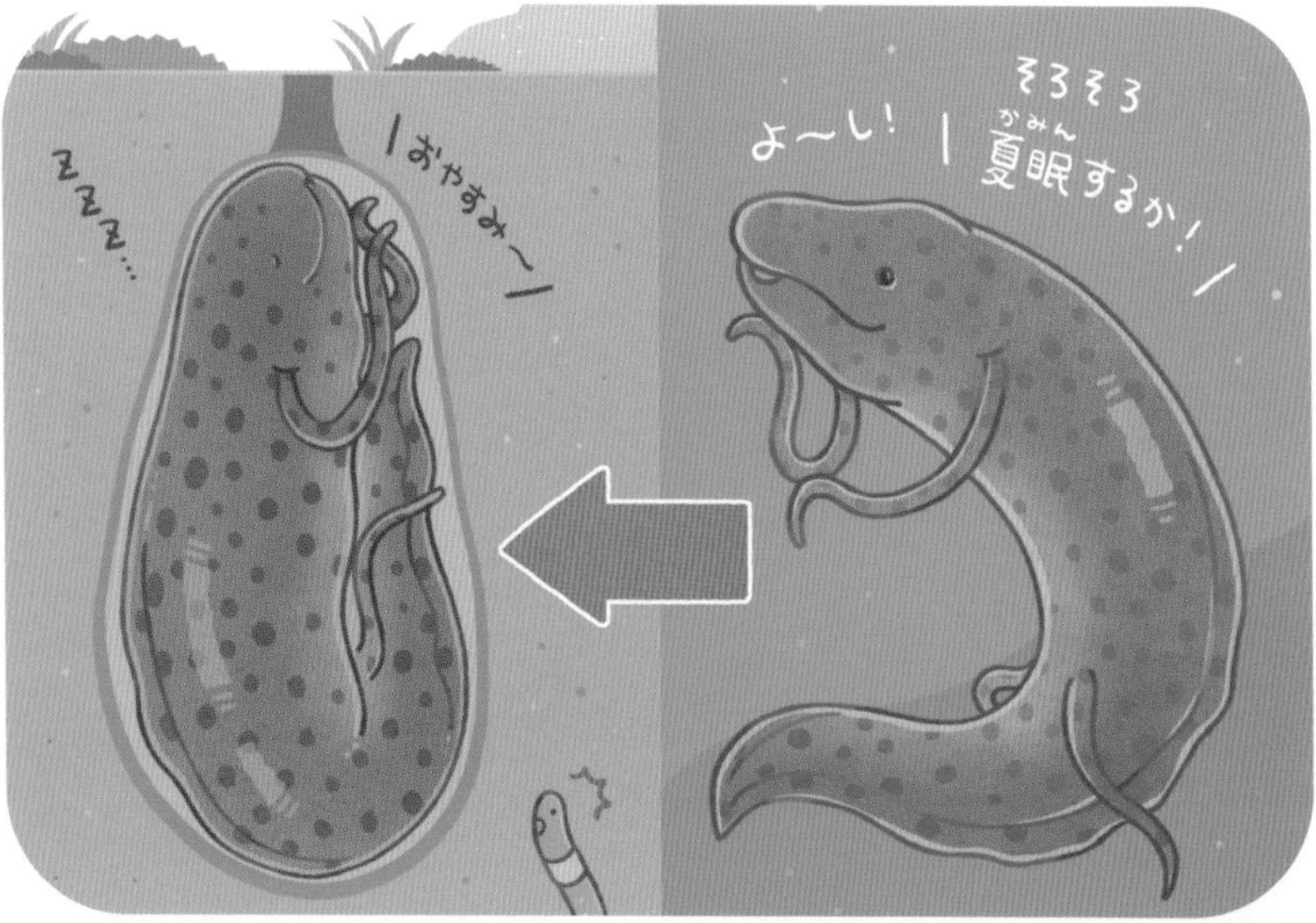
そろそろ夏眠《かみん》するか！
よ〜し！
おやすみ〜
zzz…

いきものたちにとって、すいみんはとてもたいせつです。
ただねむり方《かた》はいきものによってさまざまで、
わたしたち人間《にんげん》からするとユニークなものばかり。
まだまだなぞばかりの、いきものたちの
すいみんについてみてみましょう。

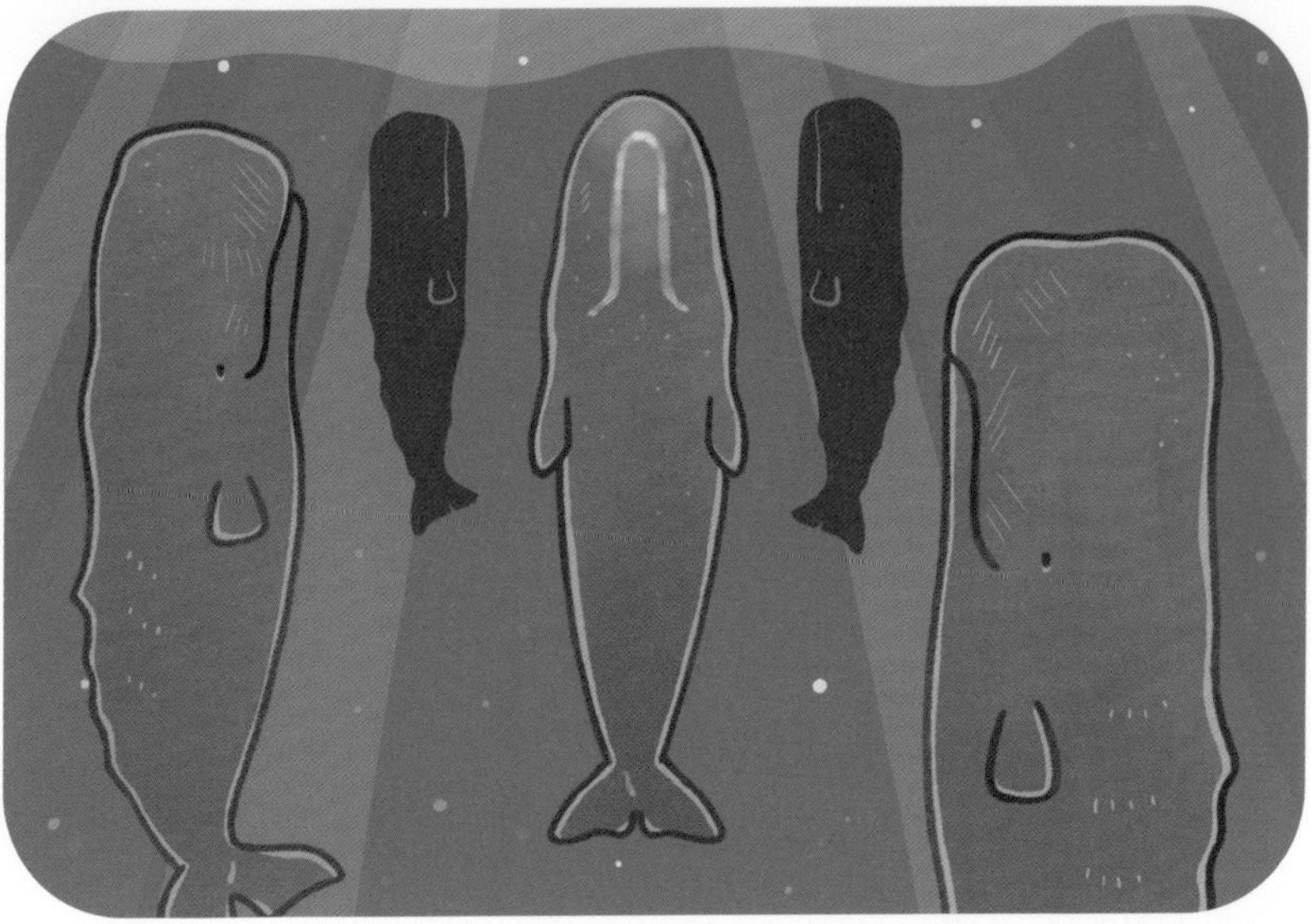

マッコウクジラは立《た》ち寝《ね》する？

マッコウクジラは多《おお》くの時《じ》間《かん》、海《うみ》に深《ふか》くもぐってすごします。ただ午後《ごご》から夜《よる》の間《あいだ》の数時間《すうじかん》は水面近《すいめんちか》くにむれで集《あつ》まり、たがいにふれあい、鳴《な》きあったりし、そしていっしょにねむります。頭《あたま》を水面《すいめん》のほうに向《む》けて、まるで立《た》っているようなすがたをすることもあります。

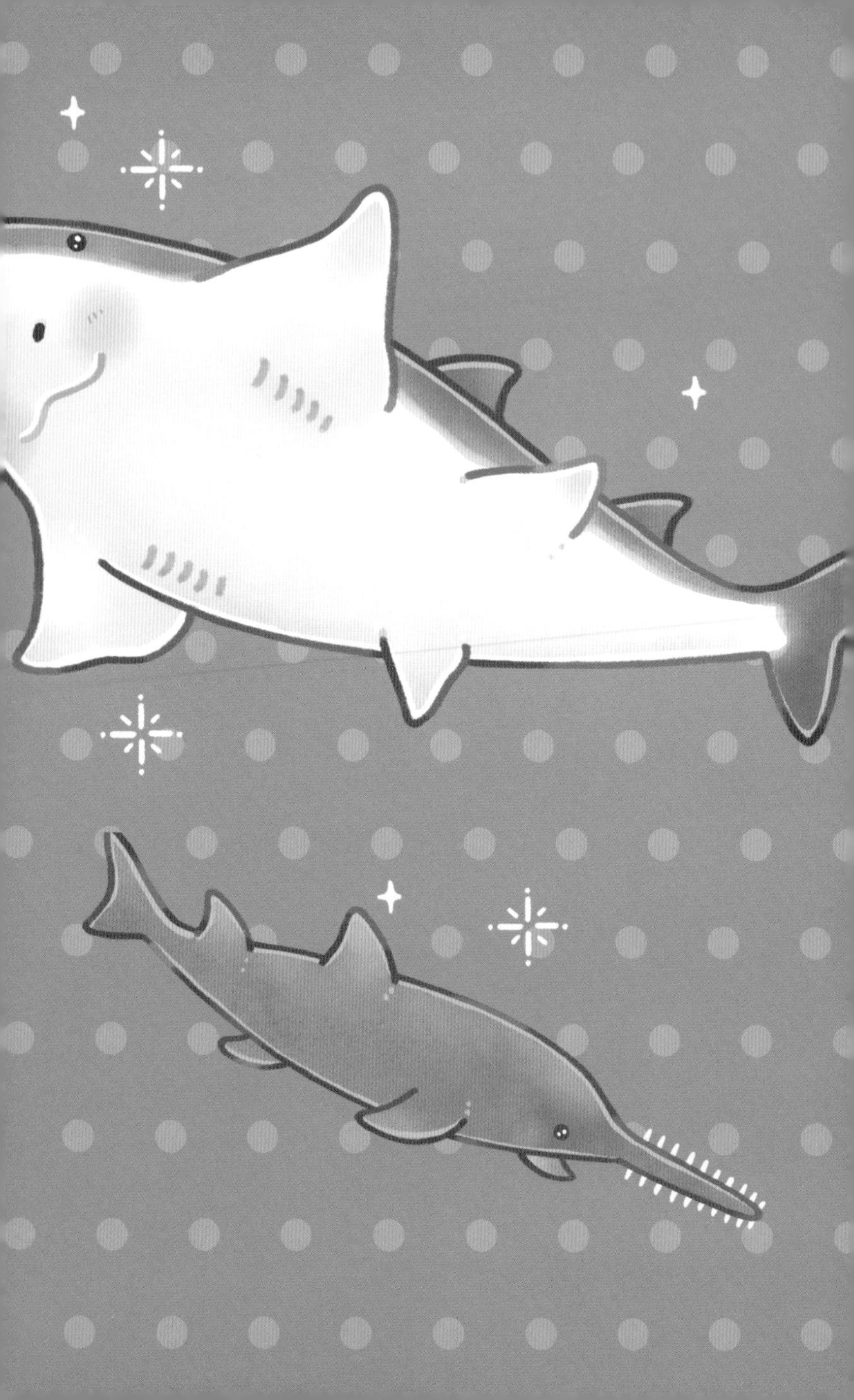

part 4

びっくり かわいい

おどろきのとくちょうや、
ふしぎな見《み》た目《め》をした海《うむ》のいきものたち

チンアナゴはむれでくらし、
となり同《どう》士《し》でたまにけんかする

チンアナゴは、顔《かお》が白黒《しろくろ》の犬《いぬ》「チン」に似《に》ていることから名前《なまえ》がつきました。細長《ほそなが》い体《からだ》に黒《くろ》い水玉《みずたま》もようがとくちょうてきで、体長《たいちょう》はおとなで40センチメートルほど。ふだんは顔《かお》と体《からだ》の一部《いちぶ》だけを砂《すな》から出《だ》しています。むれでくらし、潮《しお》の流《なが》れに乗《の》って流《なが》されてくるエサを食《た》べるため、近《ちか》くにいるチンアナゴたちはみんな同《おな》じ方向《ほうこう》に顔《かお》を向《む》け、エサを待《ま》ちます。でもとなりとの距離《きょり》が近《ちか》すぎると、様子《ようす》がいっぺん。けわしい顔《かお》でいかくしあい、けんかがはじまります。

チンアナゴの色違《いろちが》い？

カワイ〜
色違《いろちが》いのチンアナゴだ！
ヒョコッ
かたっぽは正解《せいかい》じゃな
じつはこっちはニシキアナゴ
チンアナゴはこっちだけじゃ！
そうなんだ！
なんだよ！
近《ちか》いんだよ！
ちなみにたま〜にケンカをするぞ
え〜!?

プロフィール

ぶんるい	アナゴ科《か》
おおきさ	体長《たいちょう》およそ36cm
じゅみょう	35〜40年《ねん》
せいそくち	インド洋《よう》、太平洋《たいへいよう》など

イロワケイルカのおなかのもようは、とってもラブリー？

白《しろ》と黒《くろ》のコントラストが美《うつく》しいイロワケイルカは、世《せ》界《かい》最《さい》小《しょう》クラスのイルカです。その見《み》た目《め》から「パンダイルカ」ともよばれています。赤《あか》ちゃんの時《とき》はほぼ灰《はい》色《いろ》ですが、生《う》まれてから3か月《げつ》ほどになると、おとなと同《おな》じ白《しろ》黒《くろ》のもようになります。オスとメスではおなかのもようがちがい、個《こ》体《たい》差《さ》もあ

りますが、オスはうちわ型《がた》、メスはハート型《がた》をしています。高速《こうそく》で泳《およ》ぎ、海面《かいめん》を大《おお》きくジャンプすることもある、泳《およ》ぎの天才《てんさい》です！

プロフィール

ぶんるい

マイルカ科《か》

おおきさ

体長《たいちょう》およそ1.5m

じゅみょう

10～15年（野生下《やせいか》）

せいそくち

南《みなみ》アメリカ南部《なんぶ》の海域《かいいき》など

クリオネは天《てん》使《し》のよう。
でもエサを食《た》べるときのすがたは…

ふしぎなすがたのクリオネ。その正体《しょうたい》は巻貝《まきがい》のなかまで、日本《にほん》での名前《なまえ》は「ハダカカメガイ」といいます。体《からだ》は半透明《はんとうめい》で、中《なか》のきかんがすけて見《み》えます。羽《は》ばたくようにゆうがに泳《およ》ぐすがたから「流《りゅう》氷《ひょう》の天使《てんし》」ともよばれますが、エサを食《た》べるとき、そのすがたがいっぺん。エサを見《み》つけると頭《あたま》がぱかっと開《ひら》き、中《なか》からバッカルコーンという6本《ほん》の触手《しょくしゅ》がとびだし、エサをつかまえて、パクッ！　ふだんのすがたからは想像《そうぞう》のつかない見《み》た目《め》にへんぼうするのです。

天使《てんし》と悪魔《あくま》

はじめまして
クリオネといいます
ペコリ
泳《およ》ぐすがたは
流氷《りゅうひょう》の天使《てんし》なんて
呼《よ》ばれています
ヒラ
ヒラ
ヒラ
でも……
ごはんを食《た》べるときは
悪魔《あくま》みたいって
言《い》われちゃいます……
ガ
バ
ヒ〜ッ

プロフィール

ぶんるい	ハダカカメガイ科《か》
おおきさ	全長《ぜんちょう》およそ4cm
じゅみょう	2〜3年《ねん》
せいそくち	オホーツク海《かい》など

リュウグウノツカイと出合《で》うと、なにかが起《お》こる!?

リュウグウノツカイは深海《しんかい》でくらすなぞの多《おお》い魚《さかな》です。白銀色《しろがねいろ》の細《ほそ》長《なが》い体《からだ》に赤色《あかいろ》の背《せ》びれをゆらめかせて泳《およ》ぐ幻想的《げんそうてき》なすがたは、まるで神様《かみさま》の使《つか》いのよう。出合《であ》えたらきせきと言《い》われるほど、海面近《かいめんちか》くではめったに見《み》られません。そのせいか「海面近《かいめんちか》くに現《あらわ》れると地震《じしん》が起《お》きる」という迷信《めいしん》や「食《た》べる

と不老不死《ふろうふし》になる」という伝説《でんせつ》もあったそう。エサはオキアミなどの小《ちい》さいいきものですが、エサを見《み》つけられず栄養《えいよう》が不足《ふそく》した時《とき》などには、エネルギーを温存《おんぞん》するために自分《じぶん》のしっぽを切《き》ることもあるのだとか。

プロフィール

ぶんるい

リュウグウノツカイ科《か》

おおきさ

全長《ぜんちょう》3～5m

じゅみょう

くわしいことは不明《ふめい》

せいそくち

太平洋《たいへいよう》、インド洋《よう》など

ヒトデはじっとしているようで、実《じつ》はクネクネ動《うご》いている

ヒトデは現在《げんざい》、世界《せかい》におよそ2000種《しゅ》ほど生息《せいそく》していると言《い》われており、形《かたち》や色《いろ》もさまざま。世界中《せかいじゅう》の海《うみ》でくらし、海中《かいちゅう》のほとんどのものを食《た》べることができる「海《うみ》のおそうじ屋《や》さん」。ヒトデのウラ側《がわ》には「管足《かんそく》」とよばれる吸《きゅう》ばんのようなものが生《は》えており、これで岩《いわ》やかべにくっつくこと

ができます。じっとしているイメージの強《つよ》いヒトデですが、よく見《み》るとじわじわ動《うご》いています。時《とき》には意外《いがい》な動《うご》きをすることもあり、立《た》ち上《あ》がったり体《からだ》をひねったりするポーズは、人間《にんげん》のようです。

プロフィール

ぶんるい

ヒトデ網《もう》

おおきさ

種類《しゅるい》によって様々《さまざま》

じゅみょう

くわしいことは不明《ふめい》

せいそくち

世界中《せかいじゅう》の海《うみ》

オウサマペンギンの赤《あか》ちゃんは茶《ちゃ》色《いろ》のもこもこ

決闘《けっとう》 オウサマペンギン

ペンギンのなかまの中《なか》で2番目《ばんめ》に大《おお》きいオウサマペンギン。胸《むね》とほっぺにある黄色《きいろ》がかったオレンジ色《いろ》の羽毛《うもう》がとくちょうてきですが、赤《あか》ちゃんの時《とき》は茶色《ちゃいろ》でもっこもこ！ オウサマペンギンは、南極《なんきょく》のまわりの流氷《りゅうひょう》がない島《しま》の海岸《かいがん》や草地《くさち》で子育《こそだ》てをし、ヒナが育《そだ》つと、親《おや》たちはエサを取《と》りにいくなどしてヒナのそばからはなれ、ヒナたちは自分《じぶん》たちだけで「クレイシ」というむれを作《つく》ります。堂々《どうどう》としたたたずまいで、もこもこ集《あつ》まるヒナたちはとってもキュート。

ペチ
ペチ
あのこたちみて！
かわいい！
じゃれ合《あ》っているのかな？
バシッ
ベシッ
あれ？なんか…
様子《ようす》がヘンだね…
ベシッ
バシッ
まさかケンカ!?
マジのバトルだね…
バシッ

プロフィール

ぶんるい	ペンギン科《か》
おおきさ	体長《たいちょう》79〜89cm
じゅみょう	およそ25年《ねん》
せいそくち	南極海周辺《なんきょくかいしゅうへん》の島々《しまじま》

スザクサラサエビは ほかのいきものをピカピカにする

紅白《こうはく》のしましまもようが目《め》をひくスザクサラサエビは、サンゴの下《した》や岩《いわ》かげなどの暗《くら》い場所《ばしょ》でくらす、小《ちい》さなエビです。特技《とくぎ》はほかのいきものたちのおそうじ。スザクサラサエビのように、魚《さかな》やウツボなどの体《からだ》についた寄生虫《きせいちゅう》や口《くち》の中《なか》のゴミを食《た》べてくれる小《こ》エビたちを「クリーナーシュリンプ」と

よびます。肉食《にくしょく》のウツボも、おそうじでピカピカになれば健康《けんこう》でいられるので、クリーナーシュリンプはだいじなお友《とも》だち。小《こ》エビたちもおなかいっぱいになれるので、いっしょに仲良《なかよ》くくらせるのです。

プロフィール

ぶんるい

サラサエビ科《か》

おおきさ

体長《たいちょう》およそ3~5cm

じゅみょう

くわしいことは不明《ふめい》

せいそくち

インド洋《よう》、西太平洋《にしたいへいよう》

キッシンググラミーのキスは愛《あい》ではなく、ケンカ中《ちゅう》のしるし

ピンク色《いろ》にも見《み》える体《からだ》をした魚《さかな》が2匹《ひき》、追《お》いかけあい、やがておたがいを見《み》つめあって、いまにもキスをするかのように顔《かお》を近《ちか》づけます。これはキッシンググラミーの仲良《なかよ》しなすがではなく、実《じつ》はケンカ中《ちゅう》のひとまく。2匹《ひき》のオスはにらみあい、とうそう本能《ほんのう》むきだしです。ケンカの理由《りゆう》はなわばり

あらそいやメスのうばい合いなど、さまざまなことが考《かんが》えられます。キッシンググラミーがキスをしようとしていても、それはけっして愛《あい》情《じょう》表《ひょう》現《げん》ではなく、はげしいケンカの最《さい》中《ちゅう》なのです。

プロフィール

ぶんるい
ヘロストマ科《か》

おおきさ
体長《たいちょう》10〜20cm

じゅみょう
くわしいことは不《ふ》明《めい》

せいそくち
東南《とうなん》アジアなど

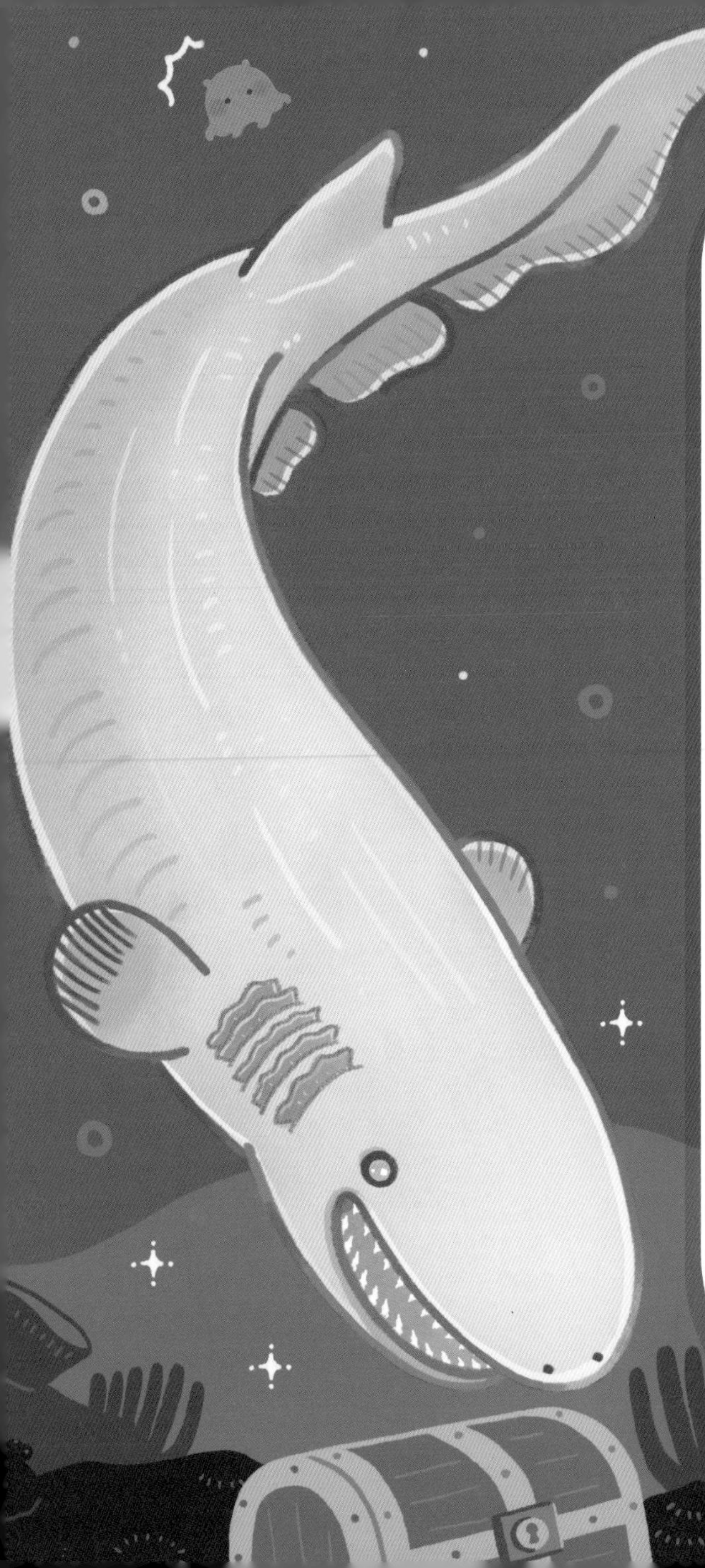

ラブカはまだまだなぞが いっぱいの、生《い》きる化《か》石《せき》

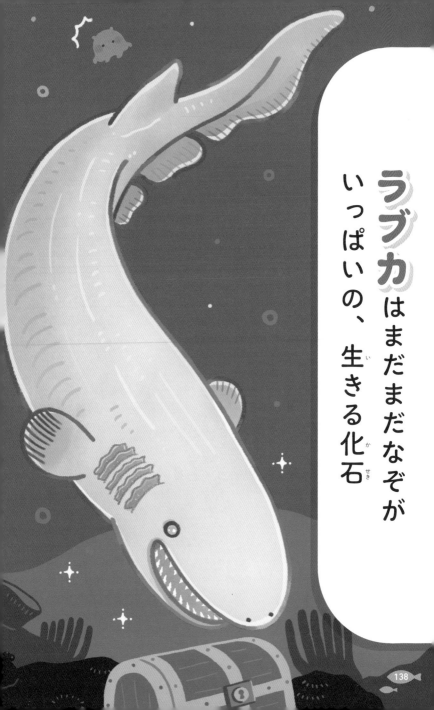

生《い》きる化石《かせき》 ラブカ

原始的《げんしてき》なサメの
特徴《とくちょう》をもつラブカは
まさに生《い》きる化石《かせき》
三億五千万年前《さんおくごせんまんねんまえ》にも
生《い》きていたと言《い》われている
カイブツ伝説《でんせつ》のモデルとも
言《い》われこわがられて
いるけど…
船や人を襲う
シーサーペントを目撃
ほんとうは
自分《じぶん》よりちいさい
タコやイカが大好物《だいこうぶつ》♡
はわわ…
ホッ

迫力《はくりょく》ばつぐんのおそろしい見《み》た目《め》をしたラブカは、深海《しんかい》でくらすサメのなかまです。大《おお》きな口《くち》にはギザギザの歯《は》がびっしり。歯《は》の形《かたち》やひだ状《じょう》になった6列《れつ》のエラなどが、今《いま》から何億年《なんおくねん》も昔《むかし》の海《うみ》で生息《せいそく》した古代《こだい》のサメ「クラドセラケ」のとくちょうと似《に》ていることから「生《い》きる化石《かせき》」とよばれています。深海《しんかい》でくらすため生《い》きたままの観測《かんそく》がむずかしく、なぞが多《おお》いラブカ。海《うみ》の未確認生物《みかくにんせいぶつ》「シーサーペント」の正体《しょうたい》はラブカなのでは、という伝説《でんせつ》も語《かた》られるほどです。

プロフィール

ぶんるい	ラブカ科《か》
おおきさ	全長《ぜんちょう》およそ1.5m
じゅみょう	くわしいことは不明《ふめい》
せいそくち	世界中《せかいじゅう》の深海《しんかい》

ヒラメは砂《すな》にもぐったり色《いろ》を変《か》えたりする、かくれんぼの天《てん》才《さい》！

ひらべったい体《からだ》で、ふだんは海底《かいてい》でじっとしているヒラメは、かくれる場所《ばしょ》に合《あ》わせて体《からだ》の色《いろ》やもようを変《か》えられる、かくれんぼの天《てん》才《さい》。エサとなる小魚《こざかな》に気《き》づかれないよう、海底《かいてい》の砂《すな》にもぐり、身《み》をかくします。見《み》た目《め》がそっくりなカレイとよくまちがわれますが、口元《くちもと》がちがいます。カレイは海底《かいてい》

にいる小《ちい》さないきものを食《た》べるためおちょぼ口《ぐち》をしており、ヒラメは砂《すな》にかくれて近《ちか》づいた魚《さかな》を一気《いっき》に丸《まる》のみするため、横《よこ》にひろがる大《おお》きな口《くち》をしているのです。

プロフィール

ぶんるい

ヒラメ科《か》

おおきさ

全長《ぜんちょう》60cm〜1m

じゅみょう

10〜20年《ねん》

せいそくち

日本各地《にほんかくち》の沿岸《えんがん》など

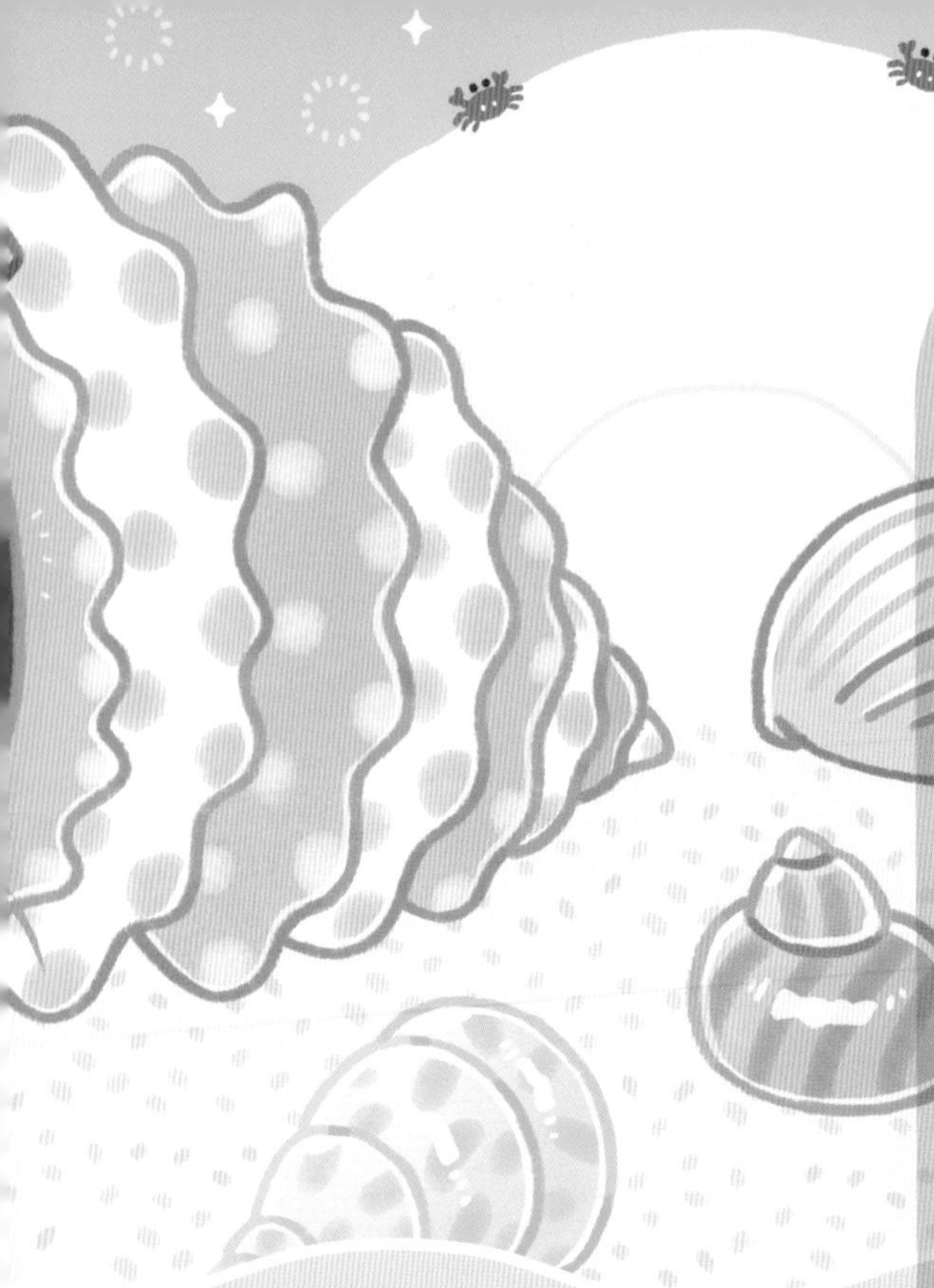

ヤドカリは貝《かい》がらのお着《き》がえをくり返《かえ》すおしゃれさん

ヤドカリはエビやカニのなかま。世界中《せかいじゅう》でおよそ1400種類《しゅるい》が見《み》つかっており、日本《にほん》では200種類《しゅるい》以上《いじょう》がいるとされています。貝《かい》がらを背負《せお》って生活《せいかつ》するおなじみのすがたは、敵《てき》から身《み》をまもるため。おどろいた時《とき》には、貝《かい》がらの中《なか》にかくれてハサミでふたをすることもあります。体《からだ》が成長《せいちょう》したり、貝《かい》

がらがこわれたりすると、すぐに別《べつ》の貝《かい》がらをさがしてお着《き》がえ。気《き》に入《い》った貝《かい》がらを見《み》つけたらハサミで大《おお》きさをたしかめ、中《なか》のごみや砂《すな》を取《と》り、そうじをしてから、いっしゅんで着《き》がえます。

プロフィール

ぶんるい

ヤドカリ科《か》

おおきさ

体長《たいちょう》3～6cm

じゅみょう

10年《ねん》以上《いじょう》（野生下《やせいか》）

せいそくち

世界中《せかいじゅう》の海《うみ》や海岸《かいがん》

ザトウクジラはラブソングを歌《うた》い、好《す》きな子《こ》にアプローチする

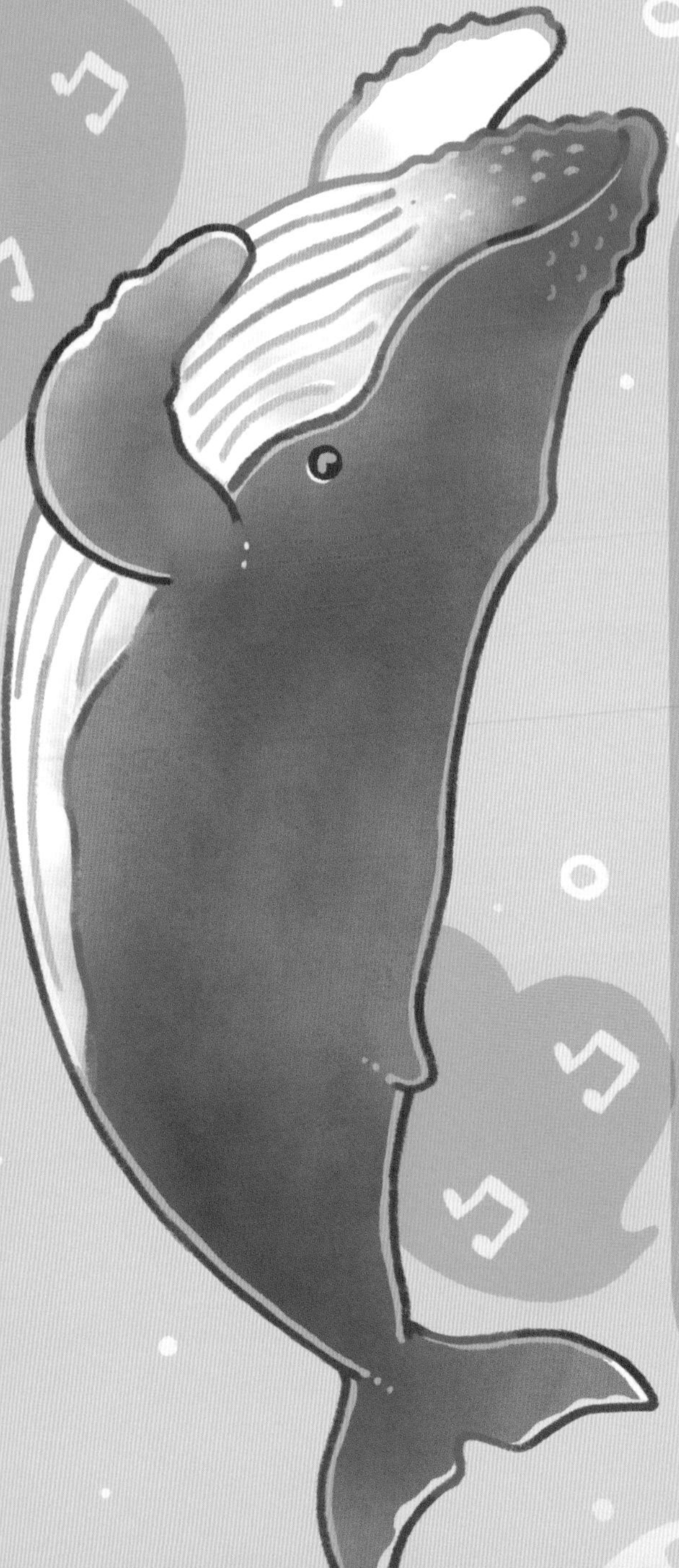

歌《うた》うクジラ

学名《がくめい》「メガプテラ（＝大《おお》きなつばさ）」の名《な》のとおり、ザトウクジラは体長《たいちょう》の3分《ぶん》の1ほどにもなる、つばさのような大《おお》きな胸《むな》びれがとくちょうです。そんなザトウクジラは、オスがメスにむけて「ソング」という音《おと》をかなでることがあり、これは求愛行動《きゅうあいこうどう》のひとつだと考《かんが》えられています。ソングには毎年流行《まいとしりゅうこう》があり、だれかが新《あたら》しいソングをかなでると、ほかのクジラたちもそれをおぼえ、しまいにはみんな同《おな》じソングを歌《うた》いだし、恋歌合戦《こいうたがっせん》がはじまるのです。

ザトウクジラのオスは求愛《きゅうあい》のために歌《うた》を歌《うた》う
思《おも》い浮《う》かぶ
君《きみ》の〜
その〜笑《え》顔《がお》〜
ただし歌《うた》には流行《りゅうこう》があるので要注意《ようちゅうい》
なんか古《ふる》いな
なつかし〜
前《まえ》は好《す》きって言《い》ってたのに…

プロフィール

ぶんるい	ナガスクジラ科《か》
おおきさ	体長《たいちょう》13~15m
じゅみょう	およそ50年《ねん》
せいそくち	世界中《せかいじゅう》の海《うみ》

グリーンソーフィッシュは なが～いノコギリをきようにつかう

あたまのノコギリがとくちょうのノコギリエイのなかまたち。同《おな》じくノコギリを持《も》ついきものにノコギリザメがいますが、ノコギリエイのほうが体《からだ》が大《おお》きく、エラの位《い》置《ち》などにもちがいがあります。グリーンソーフィッシュは、最大《さいだい》7メートルにもなる大型《おおがた》のノコギリエイです。長《なが》いノコギリについてい

るギザギザの歯《は》は、ウロコが進化《しんか》したもので、このノコギリをきようにふりまわし、砂《すな》にかくれたえものを掘《ほ》りおこしたり、小魚《こざかな》やイカを弱《よわ》らせ、じょじょに口《くち》まで運《はこ》んで食《た》べます。

プロフィール

ぶんるい

ノコギリエイ科《か》

おおきさ

全長《ぜんちょう》6m以上《いじょう》

じゅみょう

くわしいことは不明《ふめい》

せいそくち

西太平洋《にしたいへいよう》など

コブダイのオスはメスたちにかこまれ、ハーレム生《せい》活《かつ》をする

おおきなコブとりっぱなアゴ、するどい歯《は》が迫力《はくりょく》ばつぐんのコブダイ。名《な》前《まえ》に「タイ」とありますがベラのなかまです。そのとくちょうはなんといっても、みんなメスで生《う》まれてくること。幼《おさな》いころはコブが目《め》立《だ》たず、オレンジ色《いろ》の体《からだ》に白《しろ》いラインがはいったすがた。成《せい》長《ちょう》するにつれ、むれの中《なか》で1番《ばん》

大《おお》きくなった１匹《ぴき》だけがオスに変《か》わり、頭《あたま》とアゴが張《は》りだすように成長《せいちょう》していきます。オスは自分《じぶん》のナワバリを守《まも》りながら、複数《ふくすう》のメスとともに「ハーレム」とよばれるむれを作《つく》り、生活《せいかつ》をします。

プロフィール

ぶんるい
ベラ科《か》

おおきさ
全長《ぜんちょう》1m

じゅみょう
くわしいことは不明《ふめい》

せいそくち
日本海《にほんかい》、東《ひがし》シナ海《かい》など

オオグチボヤはにこにこ顔《がお》が 不《ぶ》気《き》味《み》な、なぞだらけのいきもの

にこにこ？ オオグチボヤ

大《おお》きく口《くち》をひらいて笑《わら》っているかのように見《み》えるオオグチボヤは、深海《しんかい》でくらすホヤのなかま。見《み》た目《め》のとおり大《おお》きくひらいた口《くち》から名前《なまえ》がつきましたが、この口《くち》は「入水孔《にゅうすいこう》」といい、エサのプランクトンや小《こ》エビが入ればパクっととじます。ふだんは深海《しんかい》の底《そこ》や沈《しず》んだ木《き》などについて生活《せいかつ》しています。くわしい生態《せいたい》がわかっておらず、まだまだなぞだらけの深海生物《しんかいせいぶつ》。日本《にほん》では、富山湾《とやまわん》の水深《すいしん》およそ800メートルの場所《ばしょ》で群生地《ぐんせいち》が見《み》つかったことがあります。

にこにこ
なんの話《はなし》してるのかな？楽《たの》しそうだね
そ、そうかな…
にこにこ
なにを話《はな》してるか聞《き》いてくるね！
やめときなよ…！
※笑《わら》ってるわけではない
パクッ
あ～ん
言《い》わんこっちゃない…

プロフィール

ぶんるい	オオグチボヤ科《か》
おおきさ	全長《ぜんちょう》10～25cm
じゅみょう	くわしいことは不明《ふめい》
せいそくち	世界中《せかいじゅう》の深海《しんかい》

おまけ

もしもきみが海《うみ》のいきものだったら？

海《うみ》のいきもの 診《しん》断《だん》テスト

とってもかわいくて、
ふしぎがいっぱいの海《うみ》の世《せ》界《かい》。
きみの好《す》きないきものは
見《み》つかったかな？
最《さい》後《ご》におまけとして、もしもきみが
海《うみ》のいきものだったらなにに
なるのか、診断しちゃいます！
きみのかくれた才《さい》能《のう》が見《み》つかるかも…？
家《か》族《ぞく》やともだちとあそんでみよう！

◀‥‥つぎのページからスタート！

きみはA～Fの
どのタイプかな?
質問《しつもん》にこたえて、
つぎのページで
結果《けっか》を見てみよう!

START

Q1
学校《がっこう》の勉強《べんきょう》がすき

はい → Q2
いいえ → Q3

Q2
冒険心《ぼうけんしん》がある

はい → Q4
いいえ → Q5

Q3
おしゃれだといわれる

はい → Q5
いいえ → Q6

Q4
スポーツがとくいだ

はい
いいえ

Q5
おしゃべりだいすき

はい
いいえ

Q6
つい食《た》べすぎてしまう

はい
いいえ

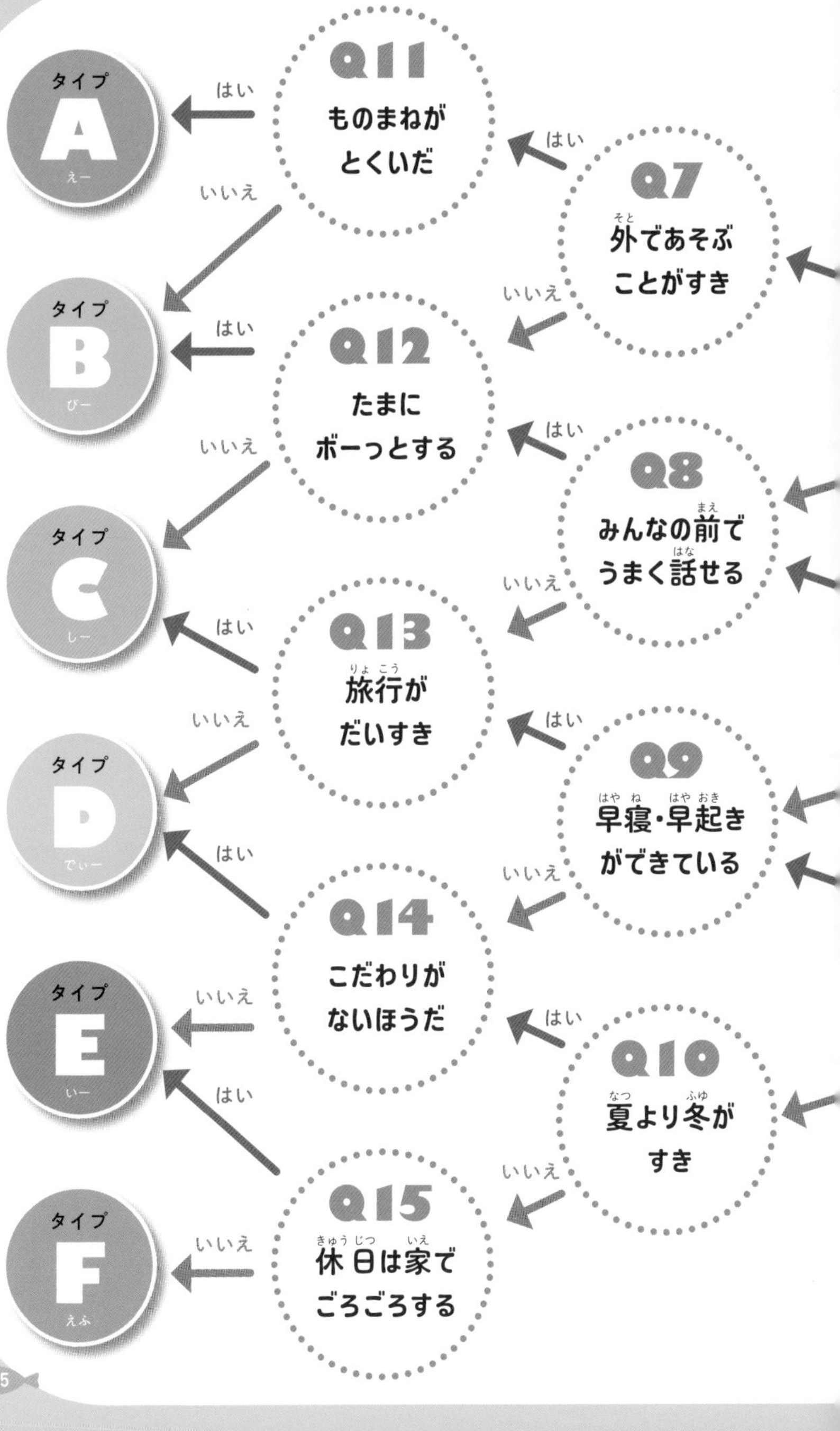
Q11
ものまねがとくいだ
はい
いいえ
Q7
外《そと》であそぶことがすき
はい
いいえ
Q12
たまにボーっとする
はい
いいえ
Q8
みんなの前《まえ》でうまく話《はな》せる
はい
いいえ
Q13
旅行《りょこう》がだいすき
はい
いいえ
Q9
早寝《はやね》・早起《はやお》きができている
はい
いいえ
Q14
こだわりがないほうだ
はい
いいえ
Q10
夏《なつ》より冬《ふゆ》がすき
はい
いいえ
Q15
休日《きゅうじつ》は家《いえ》でごろごろする
はい
いいえ
タイプ
A《えー》
タイプ
B《びー》
タイプ
C《しー》
タイプ
D《でぃー》
タイプ
E《いー》
タイプ
F《えふ》

A《えー》

きみを海《うみ》のいきものに例《たと》えると…

シャチ

なんでもこなせる天才《てんさい》タイプ

シャチは海《うみ》のいきものの中《なか》で最強《さいきょう》のそんざい。かしこく、泳《およ》ぎも超《ちょう》とくい！きみはみんなをひっぱるリーダーに向《む》いているのかも。

P54へ→

B《びー》

きみを海《うみ》のいきものに例《たと》えると…

コウテイペンギン

みんなからあいされる人気者《にんきもの》

水族館《すいぞくかん》でも大人気《だいにんき》のコウテイペンギン！明《あか》るく元気《げんき》なきみのまわりには、いつもしぜんと友《とも》だちがあつまってくるのでは？

P24へ→

C《しー》

きみを海《うみ》のいきものに例《たと》えると…

バンドウイルカ

かしこくてたよりになるしっかり者《もの》

とてもかしこいイルカ。きみは人《ひと》の気持《きも》ちをしっかりと考《かんが》えることができて、みんからたよりにされていることでしょう。

P68へ→

D《でぃー》

きみを海《うみ》のいきものに例《たと》えると…

メンダコ

ひたむきに努力《どりょく》をするがんばり屋《や》

耳《みみ》のようなひれでパタパタ泳《およ》ぐメンダコ。きみはまわりのかんきょうに流《なが》されず、つよい意志《いし》で努力《どりょく》できる人《ひと》でしょう。

P88へ→

E《いー》

きみを海《うみ》のいきものに例《たと》えると…

ラッコ

マイペースなのんびり屋《や》

のんびり水面《すいめん》をうかぶラッコ。きみは自分《じぶん》のことをよく知《し》り、好《す》きなことに全力《ぜんりょく》で向《む》きあうことができる人《ひと》でしょう。

P16へ→

F《えふ》

きみを海《うみ》のいきものに例《たと》えると…

オオグチボヤ

ミステリアスなみりょくばつぐん

なぞがいっぱいのオオグチボヤ。ミステリアスなみりょくがばつぐんのきみは、まわりから一目《いちもく》おかれているはず。

P150へ→

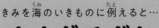

自《し》然《ぜん》環境を忠実に
再現した世《せ》界《かい》最《さい》大《だい》級《きゅう》の水族館！

海《かい》遊《ゆう》館《かん》

地球《ちきゅう》でいちばん大《おお》きな海《うみ》・太平洋《たいへいよう》とその周辺《しゅうへん》の自然《しぜん》を忠実《ちゅうじつ》に再現《さいげん》し、およそ620種《しゅ》30000点《てん》のいきものたちがくらす「海遊館《かいゆうかん》」。メイン水槽《すいそう》『太平洋《たいへいよう》』でゆうゆうと泳《およ》ぐおおきなジンベエザメや『北極圏《ほっきょくけん》』水槽《すいそう》のワモンアザラシ、『南極大陸《なんきょくたいりく》』水槽《すいそう》のオウサマペンギンなど、さまざまないきものに出《で》会《あ》うことができる水族館《すいぞくかん》です。

ワモンアザラシ

海遊館《かいゆうかん》でみることができる おもないきもの

オウサマペンギン

ハリセンボン

住所《じゅうしょ》	〒552-0022 大阪《おおさか》市《し》港《みなと》区《く》海岸通《かいがんどおり》1-1-10
休館日《きゅうかんび》	不定休《ふていきゅう》
営業時間《えいぎょうじかん》	10:00~20:00(最終入館《さいしゅうにゅうかん》　閉館《へいかん》の1時間前《じかんまえ》) ※季節変動《きせつへんどう》あり。公式《こうしき》サイトで要確認《ようかくにん》
入館料金《にゅうかんりょうきん》	大人《おとな》(高校生《こうこうせい》、16歳以上《さいいじょう》)2,700円《えん》/小《しょう》・中学生《ちゅうがくせい》1,400円/ 幼児《ようじ》(3歳以上《さいいじょう》)700円《えん》/2歳以下無料《さいいかむりょう》　※季節変動《きせつへんどう》あり。公式《こうしき》サイトで要確認《ようかくにん》
電話番号《でんわばんごう》	06-6576-5501　ホームページ　https://www.kaiyukan.com/

おもな参考文献《さんこうぶんけん》

- デジタル版『日本大百科全書』
- 『動物大百科』2巻、7巻、13巻、14巻（平凡社）1986-1987
- 『続イルカ・クジラ学』（東海大学出版部）2015
- 『小学館の図鑑Z 日本魚類館』（小学館）2018
- 『小学館の図鑑NEO 水の生物 新版』（小学館）2019
- 『海棲哺乳類大全:彼らの体と生き方に迫る』（緑書房）2021
- 『海大図鑑（Newton大図鑑シリーズ）』（ニュートンプレス）2022
- 『大自然を生きる動物の赤ちゃん図鑑』（ポプラ社）2023

一部《いちぶ》生態《せいたい》監修《かんしゅう》 **海遊館《かいゆうかん》**

大阪にある世界最大級の水族館。巨大な水槽で悠々と泳ぐジンベエザメなど、世界各地の魚やいきものたちが暮らす環境を再現している。

イラスト **フクイサチヨ**

1989年三重県生まれ。京都在住。イラストレーター、作家。動物や人物をコミカル・ポップに描くことが得意。主な仕事に『続 ざんねんないきもの事典』（高橋書店）、『幸せに暮らす柴犬の飼い方』（ナツメ社）など、書籍や雑誌多数。

デザイン 坂川朱音+小木曽杏子（朱猫堂）
執筆協力 八鳥ねこ

とびきりかわいくていとおしい
海《うみ》のいきもの図鑑《ずかん》
2024年7月22日 初版第1刷発行

監修者 海遊館《かいゆうかん》
イラスト フクイサチヨ
発行人 永田和泉
発行所 株式会社イースト・プレス
〒101-0051 東京都千代田区神田神保町2-4-7 久月神田ビル
Tel. 03-5213-4700 Fax. 03-5213-4701
https://www.eastpress.co.jp

印刷所 中央精版印刷株式会社

ISNB 978-4-7816-2324-5